박문각

공무원 토목직

김현 편저

제1과목 응용역학개론

제2과목 토목설계

2026 최신판
박문각 공무원

시험 직전 최종 마무리!!

실전◎동형 모의고사

9급 공무원 시험대비

각 7 회분

OMR카드 수록

구성과 특징
ANALYSIS

❶ 철저한 기출 분석을 바탕으로 한 실전 문제 수록

응용역학개론 7회분, 토목설계 7회분 총 14회의 실전 모의고사를 수록하여 다양한 문제 유형을 접할 수 있도록 구성하였습니다.

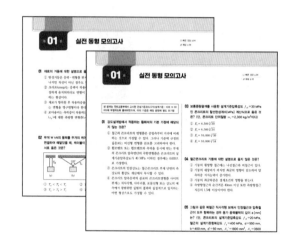

❷ 깔끔한 해설과 난이도 표시

모든 문항에 명확한 해설이 함께 제공되며, 각 문항의 난이도도 표시되어 있어 자신의 실력을 객관적으로 점검하고 약점을 파악하는 데 도움이 됩니다.

❸ 실전 감각을 키우는 OMR 카드 제공

실제 시험과 유사한 OMR 카드가 포함되어 있어 실전처럼 시간 관리 연습을 하며 훈련할 수 있습니다.

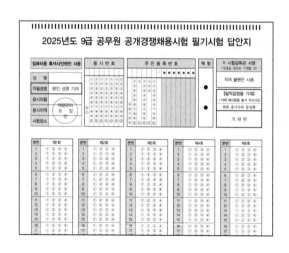

이 책의 차례
CONTENTS

공무원 토목직
실전 ⊕ 동형 모의고사

응용
역학개론

문제편

실전 동형 모의고사

□ 빠른 정답 p.94
✎ 해설 p.66

01 재료의 거동에 대한 설명으로 옳지 않은 것은?

① 탄성거동은 응력−변형률 관계가 보통 직선으로 나타나지만 직선이 아닌 경우도 있다.

② 크리프(creep)는 응력이 작용하고 이후 그 크기가 일정하게 유지되더라도 변형이 시간 경과에 따라 증가하는 현상이다.

③ 재료가 항복한 후 작용하중을 모두 제거한 후에도 남는 변형을 영구변형이라 한다.

④ 포아송비는 축하중이 작용하는 부재의 횡방향 변형률(ε_h)에 대한 축방향 변형률(ε_v)의 비($\varepsilon_v/\varepsilon_h$)이다.

02 무게 W kN의 물체를 두개의 케이블로 그림과 같이 각각 연결하여 매달았을 때, 케이블이 지지하는 힘의 크기 순서로 옳은 것은?

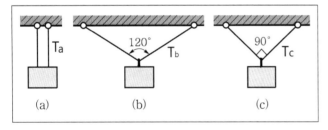

(a)   (b)   (c)

① $T_a < T_b < T_c$ ② $T_a < T_c < T_b$

③ $T_a > T_b > T_c$ ④ $T_a > T_c > T_b$

03 그림과 같이 음영으로 표시된 도형에서 x축으로부터 도심까지의 거리 y_0는?

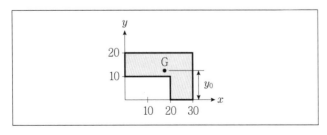

① 11.5   ② 12.5

③ 13.5   ④ 14.5

04 그림과 같은 단면적이 동일한 3개의 단면에 대하여 도심축(X축)에 대한 단면2차모멘트의 크기 순서로 옳게 표현된 것은?

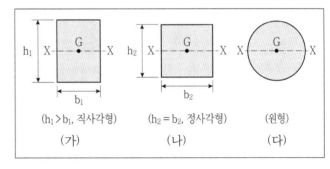

($h_1 > b_1$, 직사각형)   ($h_2 = b_2$, 정사각형)   (원형)
(가)   (나)   (다)

① (가) > (나) > (다)

② (가) > (다) > (나)

③ (나) > (가) > (다)

④ (나) > (다) > (가)

05 길이 L인 단순보에 대하여, 부재 중앙에 수직집중하중 P가 작용할 때의 최대휨모멘트($M_{max(P)}$)와 수직등분포하중 w가 전체 보에 작용할 때의 최대휨모멘트($M_{max(w)}$)가 같다면, 등분포하중 w의 크기는?

① $\dfrac{P}{2L}$ ② $\dfrac{P}{L}$

③ $\dfrac{2P}{L}$ ④ $\dfrac{3P}{L}$

06 다음 그림과 같이 하중을 받는 게르버보에서 C점의 반력 [kN]은?

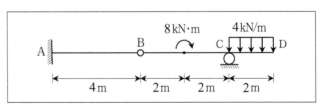

① 10   ② 12

③ 14   ④ 16

07 어떤 단순보의 전단력선도(SFD)가 다음 그림과 같을 때, 휨모멘트선도로 가장 가까운 것은? (단, 모멘트하중은 작용하지 않는다)

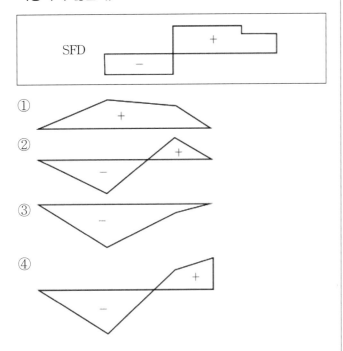

08 탄성체가 힘을 받으면 축방향 및 축에 수직방향으로 응력과 변형이 발생한다. 전단응력과 전단변형의 관계를 나타내는 전단탄성계수 G에 대한 설명으로 옳은 것은? (단, 포아송비 ν는 $0 \leq \nu \leq 0.5$이다)

① 탄성계수 E보다 크고, 포아송비 ν가 커짐에 따라 증가한다.
② 탄성계수 E보다 작고, 포아송비 ν가 커짐에 따라 증가한다.
③ 탄성계수 E보다 크고, 포아송비 ν가 커짐에 따라 감소한다.
④ 탄성계수 E보다 작고, 포아송비 ν가 커짐에 따라 감소한다.

09 그림은 단순보의 전단력도(SFD)를 나타낸 것이다. 단순보에 발생하는 최대휨모멘트의 크기[kN · m]는?

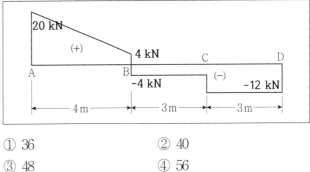

① 36 ② 40
③ 48 ④ 56

10 그림 (가)와 같은 양단이 핀 지지된 길이 5 m 기둥의 오일러 좌굴하중(P_{cr})의 크기가 160 kN일 때, 그림 (나)와 같은 양단 고정된 길이 4 m 기둥의 오일러 좌굴하중의 크기[kN]는? (단, 두 기둥의 단면은 동일하고, 탄성계수는 같으며, 구조물의 자중은 무시한다)

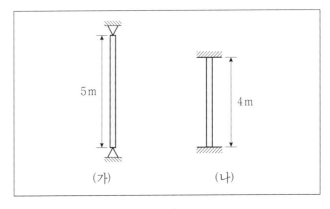

① 200 ② 250
③ 800 ④ 1,000

11 그림과 같은 이축응력 상태의 미소요소에서 $\sigma_x = -60\,\text{MPa}$, $\sigma_y = -20\,\text{MPa}$일 때, 최대전단응력의 크기($\tau_{\max}$)는?

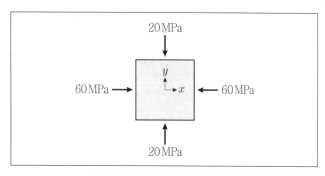

① 10 MPa   ② 20 MPa

③ 30 MPa   ④ 40 MPa

12 다음 그림과 같은 정사각형 기둥의 모서리에 20 kN의 수직하중이 작용할 때, A점에 발생하는 수직응력[MPa]은?

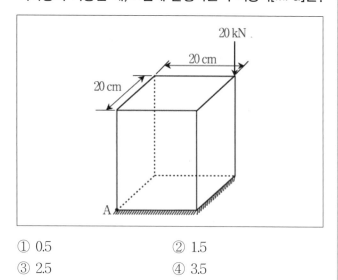

① 0.5   ② 1.5

③ 2.5   ④ 3.5

13 그림과 같은 캔틸레버보에 집중하중 P와 집중모멘트 M이 작용할 때, A점에 발생하는 처짐의 크기는? (단, 보의 휨강성 티는 일정하고, 보의 자중은 무시한다)

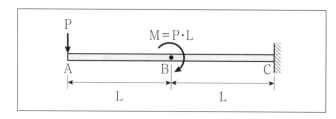

① $\dfrac{5PL^3}{3EI}$ ② $\dfrac{7PL^3}{6EI}$

③ $\dfrac{13PL^3}{6EI}$ ④ $\dfrac{10PL^3}{3EI}$

14 그림과 같은 변단면 강봉 ABC가 하중 P = 20 kN을 받고 있을 때, 이 강봉 ABC의 변형에너지[N · mm]는? (단, 탄성계수 E = 200 GPa, 원주율 π는 3으로 계산한다)

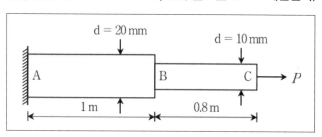

① 12,000   ② 13,000

③ 14,000   ④ 15,000

15 다음 그림과 같은 트러스에서 BD부재의 부재력[kN]은?

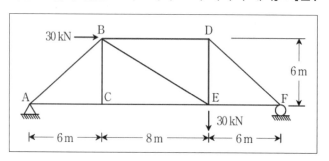

① 20(인장)   ② 20(압축)

③ 30(인장)   ④ 30(압축)

16 그림과 같이 집중하중 P = 10 kN이 작용하는 B지점이 경사지지(경사면의 각 $\theta = 60°$)인 단순보에서, 지지점 B에서 반력 R_B의 크기[kN]는? (단, 보의 자중은 무시한다)

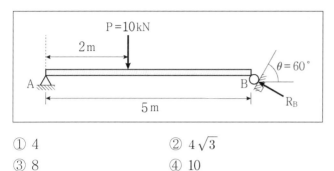

① 4
② $4\sqrt{3}$
③ 8
④ 10

17 그림과 같이 단순보에 3각형 분포하중과 집중하중이 작용하고 있다. 두 지지점의 수직반력(R_A, R_B)이 같다면, 집중하중 P의 크기[kN]는? (단, 보의 자중은 무시한다)

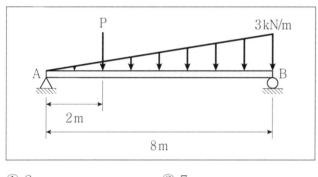

① 8
② 7
③ 6
④ 4

18 그림과 같이 B점에 내부힌지가 있는 게르버보에서 C점에서의 휨모멘트의 영향선으로 옳은 것은?

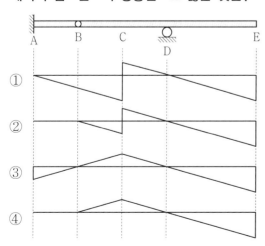

19 그림과 같이 단면 폭 300 mm, 높이가 400 mm의 직사각형 단면을 갖는 단순보가 있다. 이 단순보가 축방향으로 120 kN의 인장력을 받고, 수직하중 20 kN을 받을 때, 보 중앙(C점)의 단면 최상부에 발생하는 응력의 크기[MPa]는? (단, 보의 자중은 무시한다)

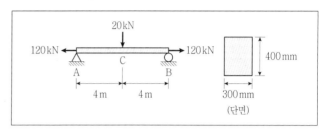

① 4(압축)
② 4(인장)
③ 2(압축)
④ 2(인장)

20 다음 그림과 같은 게르버보에서 CB 구간의 중간에 하중 P가 작용할 때 C점의 처짐은? (단, 보의 휨강성은 EI이다)

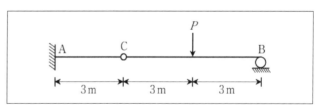

① $\dfrac{9P}{EI}$
② $\dfrac{9P}{2EI}$
③ $\dfrac{9P}{4EI}$
④ $\dfrac{9P}{8EI}$

01 그림과 같이 $x-y$ 평면 상에 있는 단면 중 도심의 y좌표 값이 가장 작은 것은?

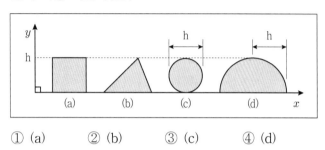

① (a)   ② (b)   ③ (c)   ④ (d)

02 다음과 같이 힘이 작용할 때 합력(R)의 크기와 작용점의 위치(x_0)는?

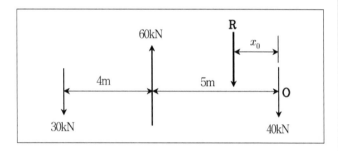

① R = 10kN($\downarrow$), x_0 = 원점(O)의 우측 3 m
② R = 10kN($\downarrow$), x_0 = 원점(O)의 좌측 3 m
③ R = 10kN($\uparrow$), x_0 = 원점(O)의 우측 3 m
④ R = 10kN($\uparrow$), x_0 = 원점(O)의 좌측 3 m

03 그림과 같은 분포하중과 집중하중을 받는 단순보에서 지점 A의 수직반력 크기[kN]는? (단, 보의 휨강성 EI는 일정하고, 자중은 무시한다)

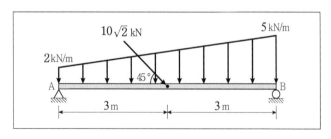

① 12.5   ② 14.0
③ 15.5   ④ 17.0

04 그림과 같이 재료와 길이가 동일하고 단면적이 다른 수직 부재가 축하중 P를 받고 있을 때, A점에서 발생하는 변위는 B점에서 발생하는 변위의 몇 배인가? (단, 구간 AB와 BC의 축강성은 각각 EA와 2EA이고, 부재의 자중은 무시한다)

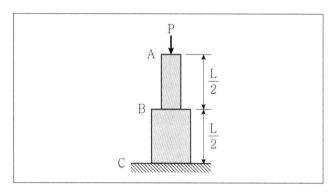

① 1.5   ② 2.0
③ 2.5   ④ 3.0

05 다음 그림과 같이 길이가 L인 균일 단면봉의 양단이 고정되어 있을 때, $\triangle$T만큼 온도가 변화하고 봉이 탄성거동을 하는 경우에 대한 설명 중 옳지 않은 것은? (단, α는 열팽창계수, E는 탄성계수, A는 단면적이고, 봉의 자중은 무시한다)

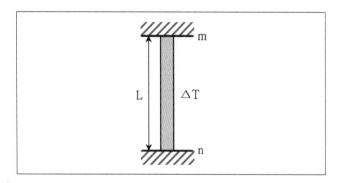

① $\triangle$T로 인한 봉의 축 방향 변형량은 0이다.
② 봉의 압축 응력은 Eα($\triangle$T)이다.
③ m지점은 고정단, n지점은 자유단인 경우, 고정단의 반력은 EAα($\triangle$T)이다.
④ m지점은 고정단, n지점은 자유단인 경우, 봉의 축방향 변형량은 α($\triangle$T)L이다.

06 다음과 같은 보 구조물에서 지점 B의 연직반력에 대한 정성적인 영향선으로 가장 유사한 것은? (단, D점은 내부힌지이다)

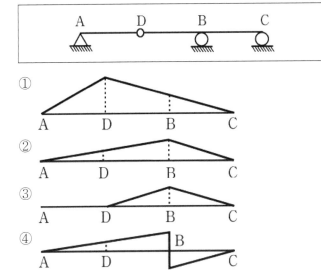

07 다음과 같은 평면응력상태에 있는 미소요소에서 최대 주응력 및 최대 전단응력의 크기[MPa]는?

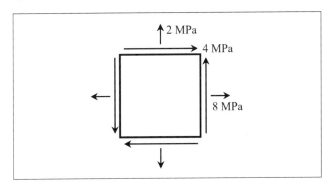

① $\sigma_{max} = 7$, $\tau_{max} = 5$
② $\sigma_{max} = 10$, $\tau_{max} = 5$
③ $\sigma_{max} = 10$, $\tau_{max} = 7$
④ $\sigma_{max} = 12$, $\tau_{max} = 7$

08 다음과 같은 보 구조물에 집중하중 10 kN이 D점에 작용할 때 D점에서의 수직처짐[m]은? (단, EI [kN · m²]는 일정하고, 보의 자중은 무시하며, D점은 내부힌지이다)

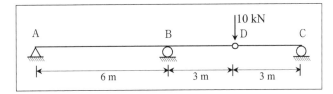

① $\dfrac{90}{EI}$
② $\dfrac{180}{EI}$
③ $\dfrac{270}{EI}$
④ $\dfrac{360}{EI}$

09 그림과 같이 폭 300 mm, 높이 400 mm의 직사각형 단면을 갖는 단순보의 허용 휨응력이 6 MPa이라면, 단순보에 작용시킬 수 있는 최대 등분포하중 w의 크기[kN/m]는? (단, 보의 휨강성 EI는 일정하고, 자중은 무시한다)

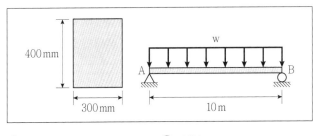

① 3.84
② 4.84
③ 5.84
④ 6.84

10 수직으로 매달린 단면적이 0.001 m²인 봉의 온도가 20°C에서 40°C까지 균일하게 상승되었다. 탄성계수(E)는 200 GPa, 선팽창 계수(α)는 1.0×10^{-5}/°C일 때, 봉의 길이를 처음 길이와 같게 하려면 봉의 하단에서 상향 수직으로 작용해야 하는 하중의 크기[kN]는? (단, 봉의 자중은 무시한다)

① 10
② 20
③ 30
④ 40

11 그림과 같은 등분포하중이 작용하는 단순보에서 최대휨모멘트 값(M)은? (단, 보의 휨강성 EI는 일정하고, 자중은 무시한다)

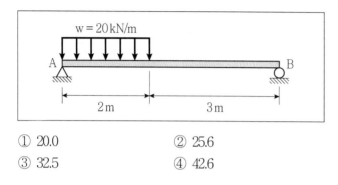

① 20.0　　　　　　② 25.6
③ 32.5　　　　　　④ 42.6

12 그림과 같이 강체로 된 보가 케이블로 B점에서 지지되고 있다. C점에 수직하중이 작용할 때, 부재 AB에 발생되는 축력의 크기[kN]는? (단, 모든 부재의 자중은 무시한다)

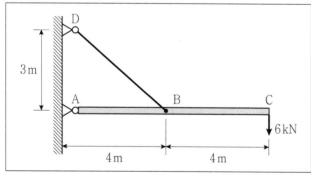

① 12(압축)　　　　② 12(인장)
③ 16(압축)　　　　④ 16(인장)

13 다음과 같은 3활절 라멘 구조물에 분포하중 4 kN/m와 집중하중 5 kN이 작용할 때, A 지점에 발생하는 수평반력(Ha)은? (단, E점은 내부힌지이다)

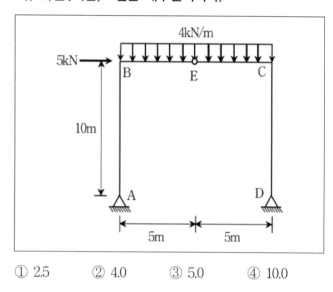

① 2.5　　② 4.0　　③ 5.0　　④ 10.0

14 그림과 같은 삼각형 단면의 밑변에서 50 mm 떨어진 $x-x$축에 대한 단면2차모멘트 Ix[mm⁴]는?

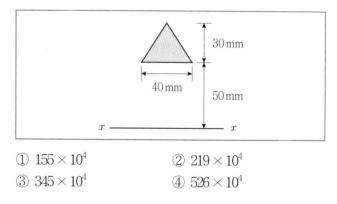

① 155×10^4　　　　② 219×10^4
③ 345×10^4　　　　④ 526×10^4

15 다음과 같이 한 변의 길이가 100 mm인 정사각형 단면보에 발생하는 최대 전단응력의 크기[MPa]는? (단, 보의 자중은 무시한다)

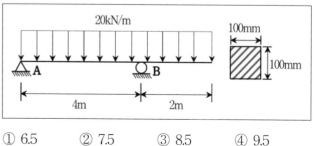

① 6.5　　② 7.5　　③ 8.5　　④ 9.5

16 그림과 같은 트러스 구조물에서 부재 BC의 부재력 크기 [kN]는? (단, 모든 자중은 무시한다)

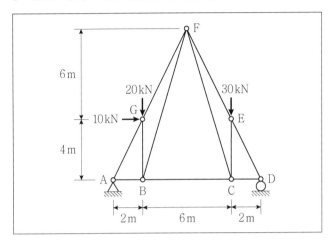

① 5(압축)
② 5(인장)
③ 7(압축)
④ 7(인장)

17 그림과 같은 지름 1 m의 차륜이 자중을 포함한 하중 W = 150 kN을 받을 때, 높이 0.2 m의 장애물을 넘어가기 위해서 최소로 필요한 수평력(H)은?

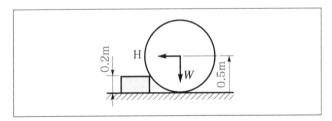

① 100 kN 이상
② 133 kN 이상
③ 150 kN 이상
④ 200 kN 이상

18 다음과 같은 길이 10 m인 단순보에 집중하중군이 이동할 때 발생하는 절대최대휨모멘트의 크기[kN·m]는? (단, 보의 자중은 무시한다)

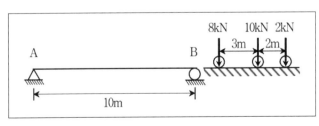

① 32.0
② 34.5
③ 36.5
④ 38.0

19 그림과 같이 양단이 고정지지된 직사각형 단면을 갖는 기둥의 최소 임계하중의 크기[kN]는? (단, 기둥의 탄성계수 E = 210 GPa, π^2은 10으로 계산하며, 자중은 무시한다)

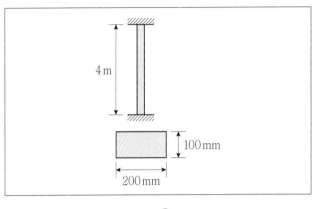

① 8,750
② 9,000
③ 9,250
④ 9,750

20 다음 캔틸레버 보에 대하여 경간(L)의 1/2지점에 집중하중(P)이 작용한다. 이때 자유단(a점)의 처짐은? (단, 부재 경간 전체에 대하여 탄성계수(E)와 단면2차모멘트(I)는 동일하다)

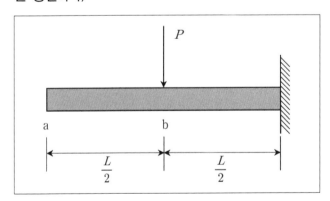

① $\dfrac{PL^3}{3EI}$
② $\dfrac{PL^3}{48EI}$
③ $\dfrac{5PL^3}{48EI}$
④ $\dfrac{5PL^3}{384EI}$

01 다음 중 단면의 주축에 관한 설명으로 옳지 않은 것은?

① 단면의 주축은 단면의 도심을 지난다.
② 단면의 주축은 직교한다.
③ 단면의 주축에 관한 단면 상승 모멘트는 최대이다.
④ 단면의 주축에 관한 단면2차모멘트는 최대 또는 최소이다.

02 그림과 같은 1/4원에서 삼각형 부분을 뺀 빗금친 부분의 도심 y_o는?

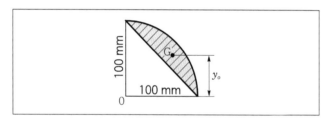

① 68.2mm
② 58.4mm
③ 52.0mm
④ 49.4mm

03 그림과 같이 하중 P가 작용할 때, 하중 P의 A점에 대한 모멘트의 크기[kN · m]는?

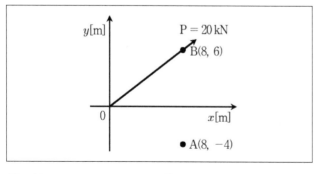

① 100
② 120
③ 140
④ 160

04 그림은 지간 10 m인 단순보의 전단력도를 나타내고 있다. 다음의 설명 중 옳지 않은 것은?

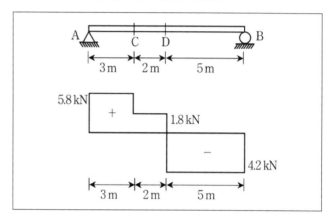

① 보에 발생하는 최대 휨모멘트의 값은 21 kN · m이다.
② 지점반력의 크기는 5.8 kN과 4.2 kN이다.
③ 보에 발생하는 최대 전단력의 크기는 5.8 kN이다.
④ C점에는 집중하중 1.8 kN이 작용하고 있다.

05 그림과 같은 게르버보에서 지점 A의 휨모멘트[kN · m]는? (단, 게르버보의 자중은 무시한다)

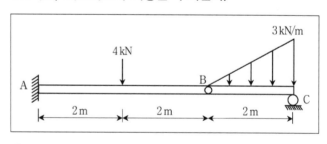

① −10
② −12
③ −14
④ −16

06 길이 2 m, 직경 100 mm인 강봉에 길이방향으로 인장력을 작용시켰더니 길이가 2 mm 늘어났다. 직경의 감소량[mm]은? (단, 포와송비는 0.4이다)

① 0.01
② 0.02
③ 0.03
④ 0.04

07 그림과 같이 양단이 고정된 균일한 단면의 강봉이 온도 하중(ΔT = 30℃)을 받고 있다. 강봉의 탄성계수 E = 200 GPa, 열팽창 계수 $\alpha = 1.2 \times 10^{-6}$/℃ 일 때, 강봉에 발생하는 응력[MPa]은? (단, 강봉의 자중은 무시한다)

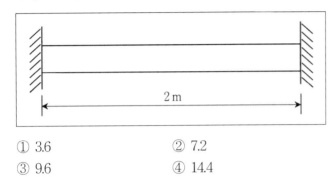

① 3.6 　　　　　② 7.2
③ 9.6 　　　　　④ 14.4

08 그림과 같이 트러스 구조물에 하중 P = 20 kN이 작용할 때, 부재력이 0인 부재의 개수는? (단, 구조물의 자중은 무시한다)

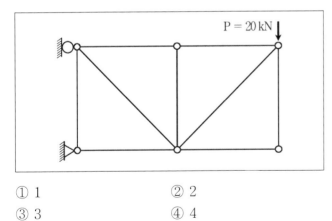

① 1 　　　　　② 2
③ 3 　　　　　④ 4

09 그림과 같이 축부재의 B, C, D점에 수평하중이 작용할 때, D점 수평변위의 크기[mm]는? (단, 부재의 탄성계수 E = 20 MPa이고, 단면적 A = 1 m²이며, 부재의 자중은 무시한다)

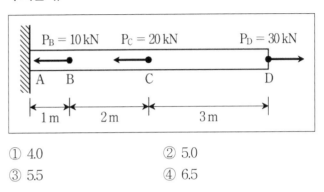

① 4.0 　　　　　② 5.0
③ 5.5 　　　　　④ 6.5

10 그림과 같이 D점에 수평력 2 kN, C점에 수직력 4 kN이 작용하는 내민보에서 지점 A에 발생하는 수직반력 Va[kN] 는? (단, 자중은 무시한다)

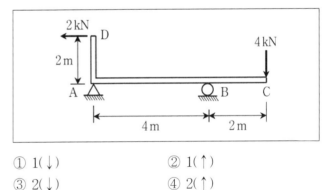

① 1(↓) 　　　　　② 1(↑)
③ 2(↓) 　　　　　④ 2(↑)

11 그림과 같이 내민보에 등분포하중이 작용할 때, 지점 A 부터 최대 정모멘트가 발생하는 단면까지의 거리 x [m] 는? (단, 보의 자중은 무시한다)

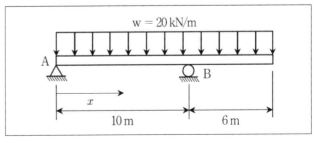

① 2 　　　　　② 3.2
③ 4 　　　　　④ 5.2

12 무게가 W = 10 kN인 구가 그림과 같이 마찰이 없는 두 벽면사이에 놓여 있을 때, 반력 R의 크기[kN]는? (단, 구의 재질은 균질하며 무게 중심은 구의 중앙에 위치한다)

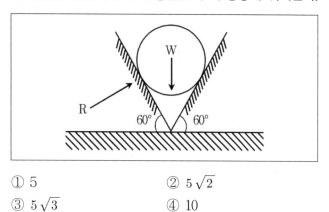

① 5

② $5\sqrt{2}$

③ $5\sqrt{3}$

④ 10

13 다음 그림은 동일한 재료인 두 개의 단면으로 이루어진 봉이다. P_A = 10 kN의 힘이 그림과 같이 작용하는 경우, B점의 위치가 움직이지 않기 위한 힘 P_B[kN]는? (단, 탄성계수는 100 GPa, A점과 B점에 작용하는 힘은 단면 중심에 작용하고, 봉의 자중은 무시한다)

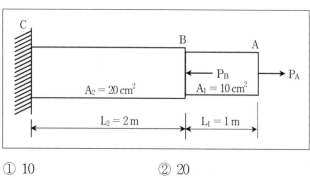

① 10

② 20

③ 5

④ 15

14 그림과 같은 단순보에 집중하중 80 kN과 등분포하중 20 kN/m가 작용하고 있다. 두 지점 A와 B의 연직반력이 같을 때, 집중하중의 위치 x[m]는? (단, 보의 자중은 무시한다)

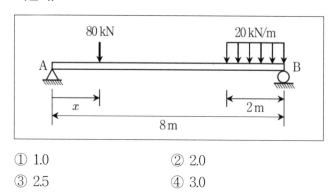

① 1.0

② 2.0

③ 2.5

④ 3.0

15 그림과 같은 기둥에 축방향 하중이 도심축으로부터 편심 e = 100 mm 떨어져서 작용할 때 발생하는 최대 압축응력[MPa]은? (단, 기둥은 단주이며 자중은 무시한다)

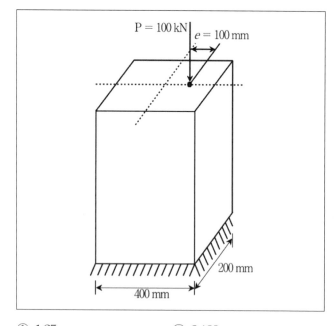

① 1.25

② 2.188

③ 3.125

④ 5

16 그림과 같은 정정 라멘 구조물에서 BC부재에 발생하는 최대휨모멘트[kN · m]는? (단, 라멘 구조물의 자중은 무시한다)

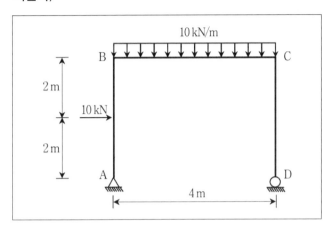

① 31.25
② 31.5
③ 31.75
④ 32.0

17 그림과 같은 구조물에서 D점에 작용하는 하중 P에 의하여 B점에 발생하는 처짐이 0일 때, a의 길이[m]는? (단, 구조물의 자중은 무시하며, 길이 L = 10 m, 휨강성 EI = 100 kN · m²이다)

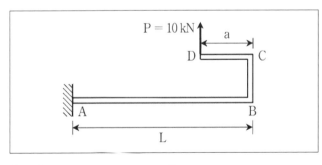

① 5/2
② 5
③ 5/3
④ 20/3

18 그림과 같은 등분포하중을 받고 있는 양단고정보에서 발생되는 최대휨응력[MPa]은? (단, 보의 자중은 무시한다)

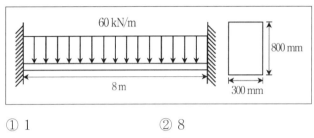

① 1
② 8
③ 10
④ 80

19 두께가 얇은 원통형 압력용기가 10 MPa의 내부압력을 받고 있다. 이 압력용기의 안지름은 270 mm이며, 허용응력이 90 MPa 일 경우 필요로 하는 최소 두께[mm]는?

① 12
② 15
③ 18
④ 20

20 그림과 같이 휨강성 EI가 일정한 내민보에서 자유단 C점의 처짐이 0이 되기 위한 하중의 크기 비 P/Q는? (단, 자중은 무시한다)

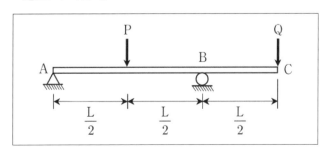

① 1
② 2
③ 4
④ 8

01 단면의 성질에 대한 다음 설명 중 옳지 않은 것은?

① 단면2차모멘트의 값은 항상 0보다 크다.

② 단면2차극모멘트의 값은 항상 극을 원점으로 하는 두 직교좌표축에 대한 단면2차모멘트의 합과 같다.

③ 도심축에 관한 단면1차모멘트의 값은 항상 0이다.

④ 단면 상승 모멘트이 값은 항상 0보다 크거나 같다.

02 그림과 같은 게르버보에 대한 설명으로 옳지 않은 것은? (단, 구조물의 자중은 무시한다)

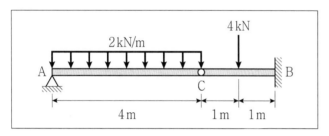

① A점에서 수직반력의 크기는 4 kN이다.

② A점에서 수평반력의 크기는 0 kN이다.

③ B점에서 수직반력의 크기는 8 kN이다.

④ B점에서 휨모멘트반력의 크기는 16 kN · m이다.

03 그림과 같은 트러스에서 부재 CG의 부재력[kN]은? (단, 모든 부재의 자중은 무시한다)

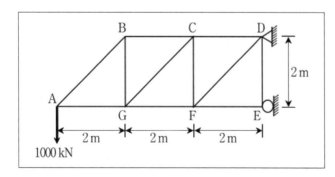

① 1000

② $1000\sqrt{2}$

③ 2000

④ $2000\sqrt{2}$

04 그림과 같은 단순보에서 B점에 집중하중 P = 20 kN이 연직 방향으로 작용할 때 C점에서의 전단력 Vc [kN] 및 휨모멘트 Mc [kN · m]의 값은? (단, 보의 휨강성 EI는 일정하며, 자중은 무시한다)

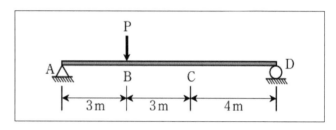

	Vc	Mc
①	−6	20
②	−6	24
③	−14	28
④	−14	32

05 그림과 같이 단순보에 하중이 작용할 때 지점 A의 수직반력[kN]은? (단, 보의 자중은 무시한다)

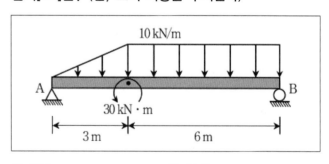

① 30.0

② 31.5

③ 35.0

④ 40.0

06 그림과 같이 길이가 L인 단순보에 삼각형 분포하중이 작용하고 있다. A점과 B점의 수직반력이 같다면, 삼각형 분포하중이 작용하는 거리 x는? (단, 구조물의 자중은 무시한다)

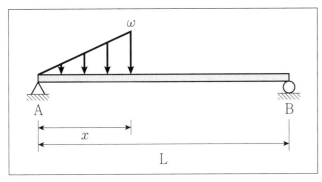

① 0.25 L

② 0.5 L

③ 0.75 L

④ 1.0 L

07 그림과 같이 내부 힌지를 가지고 있는 게르버보에서 B점의 정성적인 휨모멘트의 영향선은?

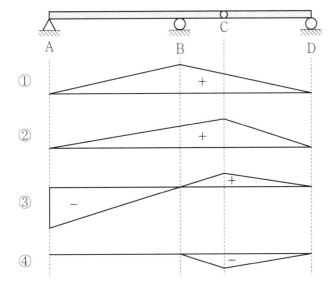

08 그림과 같이 단부 경계 조건이 각각 다른 장주에 대한 탄성 좌굴 하중(Pcr)이 가장 큰 것은? (단, 기둥의 휨강성 EI = 4000 kN · m²이며, 자중은 무시한다)

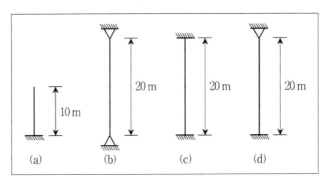

① (a)

② (b)

③ (c)

④ (d)

09 그림과 같이 평면에 변형률 로제트 게이지를 부착하여 3방향의 변형률 ϵ_A, ϵ_B, ϵ_C 를 측정한 결과, $\epsilon_A = 180 \times 10^{-6}$, $\epsilon_B = 120 \times 10^{-6}$, $\epsilon_C = 190 \times 10^{-6}$이었다. 이 경우에 최대전단변형률 γ_{max} 의 크기$[10^{-6}]$는?

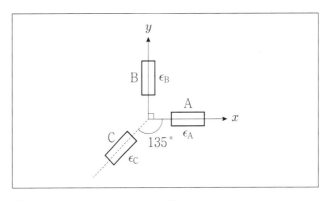

① 100

② 125

③ 150

④ 200

10 그림과 같은 부정정 구조물의 A점에 처짐각 $\theta_A = 0.03$ rad이 발생하였다. 이때 A점에 작용하는 휨모멘트 M_A의 크기[N·mm]는? (단, 휨강성 EI = 20,000 N·mm²이며, 구조물의 자중은 무시한다)

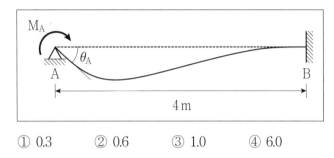

① 0.3   ② 0.6   ③ 1.0   ④ 6.0

11 그림과 같이 길이 L인 캔틸레버보의 끝에 집중하중 P가 작용할 때 휨에 의한 변형에너지의 크기는 $C_1 \dfrac{P^2L^3}{EI}$ 이다. 상수 C_1의 크기는? (단, 전단변형에 의한 에너지는 무시하고, 휨강성 EI는 일정하며, 구조물의 자중은 무시한다)

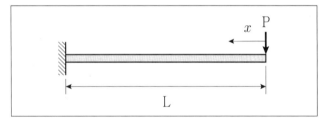

① $\dfrac{1}{3}$ ② $\dfrac{1}{4}$

③ $\dfrac{1}{6}$ ④ $\dfrac{1}{12}$

12 그림과 같이 등분포하중 $w = 4$ kN/m가 작용하는 내부 힌지가 있는 보에서 B점의 수직반력[kN]은? (단, 구조물의 자중은 무시한다)

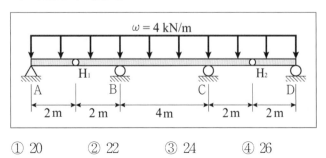

① 20   ② 22   ③ 24   ④ 26

13 폭 0.4 m, 높이 0.6 m의 직사각형 단면을 갖는 지간 L = 4 m 단순보의 허용 휨응력이 20 MPa일 때 이 단순보의 지간 중앙에 작용시킬 수 있는 최대 집중하중 P의 값[kN]은? (단, 보의 휨강성 EI는 일정하며, 자중은 무시한다)

① 240   ② 360
③ 480   ④ 600

14 그림과 같은 보 (가)와 (나)의 부정정 차수를 모두 합한 차수는?

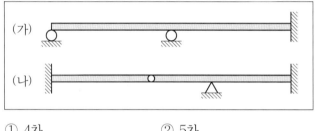

① 4차   ② 5차
③ 6차   ④ 7차

15 그림과 같은 평면응력요소에서 최대주응력 σ_{max}과 최대 전단응력 τ_{max}의 크기[MPa]는?

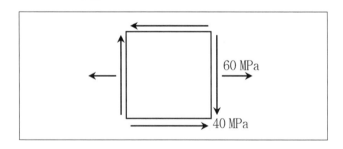

	σ_{max}	τ_{max}
①	40	20
②	40	30
③	80	30
④	80	50

16 그림과 같이 일정한 두께 t = 10 mm의 직사각형 단면을 갖는 튜브가 비틀림 모멘트 T = 200 kN · m를 받을 때 발생하는 전단 흐름의 크기[kN/m]는?

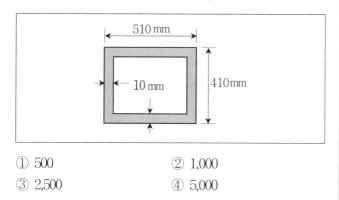

① 500
② 1,000
③ 2,500
④ 5,000

17 그림과 같은 캔틸레버보에서 자유단 C점의 처짐각은? (단, 보의 휨강성 EI는 일정하며, 자중은 무시한다)

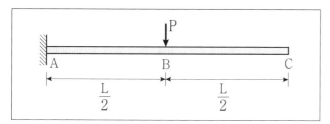

① $\dfrac{PL^2}{4EI}$
② $\dfrac{PL^2}{6EI}$
③ $\dfrac{PL^2}{6EI}$
④ $\dfrac{PL^2}{8EI}$

18 그림과 같이 양단 고정된 보에 축력이 작용할 때, 지점 B에서 발생하는 수평 반력의 크기[kN]는? (단, 보의 축강성 EA는 일정 하며, 자중은 무시한다)

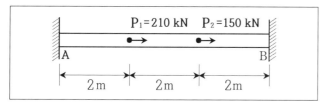

① 150
② 170
③ 180
④ 210

19 그림과 같이 단순보 중앙 C점에 집중하중 P가 작용할 때 C점의 처짐에 대한 설명으로 옳은 것은? (단, 보의 자중은 무시한다)

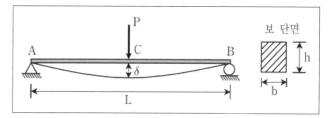

① 집중하중 P를 P/2로 하면 처짐량 δ는 $\delta/4$가 된다.
② 부재의 높이 h를 그대로 두고 폭 b를 2배로 하면 처짐량 δ은 $\delta/4$가 된다.
③ AB 간의 거리 L을 L/2로 하면 처짐량 δ는 $\delta/6$가 된다.
④ 부재의 폭 b를 그대로 두고 높이 h를 2배로 하면 처짐량 δ는 $\delta/8$가 된다.

20 그림과 같이 압축력 P를 받는 길이가 L인 강체봉이 A점은 회전스프링(스프링 계수 k_θ)으로, B점은 병진스프링(스프링 계수 k)으로 각각 지지되어 있다. 좌굴하중 Pcr의 크기는? (단, 봉의 자중은 무시하고, 미소변형이론을 적용한다)

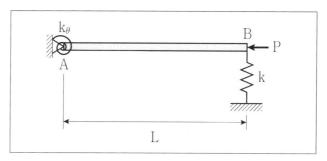

① $kL + \dfrac{k_\theta}{L}$
② $kL + \dfrac{k_\theta}{2L}$
③ $2kL + \dfrac{k_\theta}{L}$
④ $2kL + \dfrac{k_\theta}{2L}$

실전 동형 모의고사

☐ 빠른 정답 p.94
✎ 해설 p.74

01 다음과 같이 밑변 b와 높이 h인 직각삼각형 단면이 있다. 이 단면을 y축 중심으로 360도 회전시켰을 때 만들어지는 회전체의 부피는?

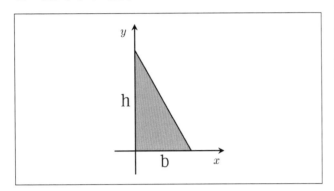

① $\dfrac{\pi bh^2}{3}$

② $\dfrac{\pi b^2 h}{3}$

③ $\dfrac{\pi bh^2}{6}$

④ $\dfrac{\pi b^2 h}{6}$

02 그림과 같은 캔틸레버보에서 C점의 부재력 휨모멘트 크기[kN·m]는? (단, 구조물의 자중은 무시한다)

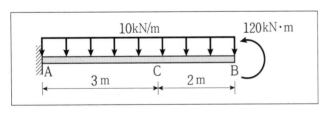

① 80

② 92

③ 100

④ 140

03 그림과 같은 캔틸레버보에서 고정단 B의 휨모멘트가 0이 되기 위해 C점에 작용하는 집중하중 P의 크기[kN]는? (단, 자중은 무시한다)

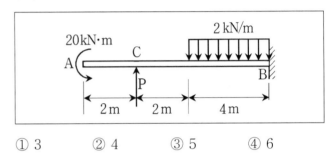

① 3 ② 4 ③ 5 ④ 6

04 다음과 같은 원형, 정사각형, 정삼각형이 있다. 각 단면의 면적이 같을 경우 도심에서의 단면2차모멘트(I)가 큰 순서대로 바르게 나열한 것은?

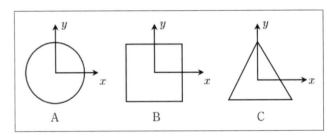

① A > B > C

② B > C > A

③ C > B > A

④ B > A > C

05 그림과 같은 단순보에서 최대 휨모멘트 발생 위치 x는? (단, 구조물의 자중은 무시한다)

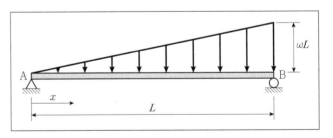

① $\dfrac{L}{\sqrt{3}}$

② $\dfrac{L}{\sqrt{2}}$

③ $\dfrac{2}{3}L$

④ $\dfrac{\sqrt{6}}{2}L$

06 그림과 같은 원형단면의 봉이 인장력 P를 받고 있다. 다음 설명 중 옳지 않은 것은? (단, P = 20 kN, d = 10 mm, L = 2 m, 탄성계수 E = 200 GPa, 푸아송비 ν = 0.3이고, 원주율 π는 3으로 계산한다)

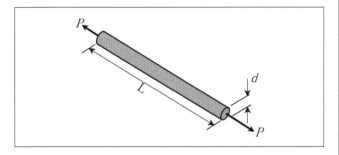

① 봉에 발생되는 인장응력은 약 400 MPa이다.
② 봉의 길이는 약 2 mm 증가한다.
③ 봉에 발생되는 인장변형률은 약 0.002이다.
④ 봉의 지름은 약 0.006 mm 감소한다.

07 그림과 같은 크레인 구조물에서 100 kN의 하중이 작용할 때, 케이블 BC에 작용하는 힘[kN]은?

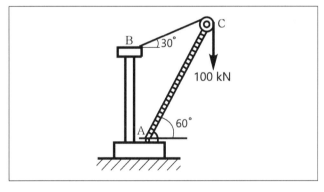

① $50\sqrt{3}$ ② 100
③ $100\sqrt{3}$ ④ 200

08 그림과 같은 내민보에서 지점 A의 수직반력[kN]은? (단, 구조물의 자중은 무시한다)

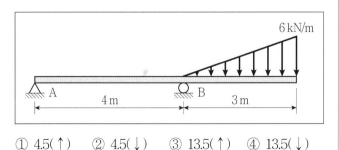

① 4.5(↑) ② 4.5(↓) ③ 13.5(↑) ④ 13.5(↓)

09 그림과 같이 평면응력상태에 있는 미소요소에서 최대전단 응력[MPa]의 크기는?

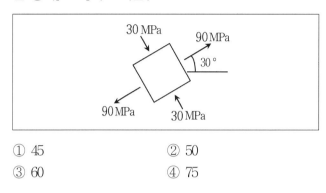

① 45 ② 50
③ 60 ④ 75

10 다음과 같이 C점에 내부 힌지를 갖는 라멘에서 A점의 수평반력 [kN]의 크기는? (단, 자중은 무시한다)

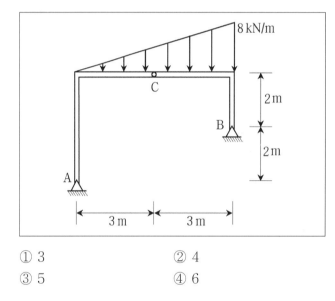

① 3 ② 4
③ 5 ④ 6

11 다음과 같은 트러스에서 상현재 U의 부재력 [kN]의 크기는? (단, 트러스의 모든 절점은 힌지이고, 자중은 무시한다)

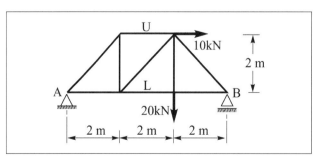

① 3.3 ② 6.6
③ 10.0 ④ 20.0

12 그림과 같이 자중 60 N인 바퀴가 바닥에 고정된 높이 20 cm 의 장애물 위로 힘 P 를 초과할 때 움직이기 시작한다면, 이 힘 P [N]는? (단, 바퀴와 장애물은 강체로 가정한다)

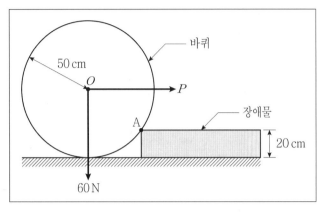

① 30
② 45
③ 55
④ 80

13 그림과 같이 양단 고정인 탄성기둥(유효좌굴길이계수 = 0.5)에서 온도가 균일하게 상승하여 임계좌굴하중에 도달하였을 때, 온도상승량 ΔT는? (단, α = 열팽창계수, A = 단면적, E = 탄성계수, I = 단면2차모멘트, L = 기둥길이이며, 기둥의 자중과 온도 상승에 의한 기둥 단면적의 변화는 무시한다)

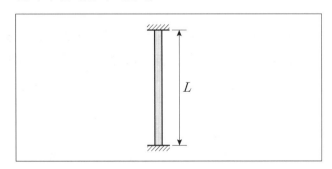

① $\dfrac{4\pi^2 I}{\alpha A L^2}$
② $\dfrac{2\pi^2 I}{\alpha A L^2}$
③ $\dfrac{\pi^2 I}{\alpha A L^2}$
④ $\dfrac{\pi^2 I}{4\alpha A L^2}$

14 그림과 같이 서로 다른 재료로 구성된 합성단면에서 하단으로부터 중립축까지 수직거리 x [mm]는? (단, 각 재료는 완전 부착되어 일체거동하고, 상부플랜지의 탄성계수 E_A = 10 GPa, 웨브의 탄성계수 E_B = 20 GPa, 하부플랜지의 탄성계수 E_C = 40 GPa이다)

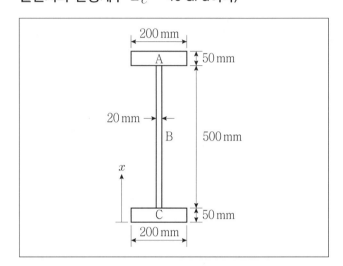

① $\dfrac{1,250}{7}$
② $\dfrac{1,275}{7}$
③ $\dfrac{2,125}{7}$
④ $\dfrac{2,925}{7}$

15 그림과 같은 단순보의 C점에 스프링을 설치하였더니 스프링에서의 수직 반력이 $\dfrac{P}{2}$ 가 되었다. 스프링 강성 k는? (단, 보의 휨강성 EI는 일정하고 보의 자중은 무시한다)

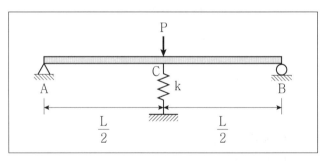

① $\dfrac{24EI}{L^3}$
② $\dfrac{48EI}{L^3}$
③ $\dfrac{96EI}{L^3}$
④ $\dfrac{120EI}{L^3}$

16 구조물의 변위를 구하는 방법에 대한 설명으로 옳지 않은 것은?

① 모멘트면적법은 처짐 곡선의 기하학적인 성질을 이용하여 보의 변위를 구하는 방법이다.

② 공액보법은 단부의 조건을 변화시킨 공액보에 탄성하중을 재하하여 변위를 구하는 방법이다.

③ 가상일법은 보 처짐에 관한 미분방정식의 적분과 경계조건을 이용하여 변위를 구하는 방법이다.

④ 카스틸리아노(Castigliano) 제2정리는 변형에너지를 작용하중에 대하여 1차 편미분한 값은 그 하중의 위치에 생기는 변위가 된다는 방법이다.

17 다음과 같이 편심하중이 작용하고 있는 직사각형 단면의 짧은 기둥에서, 바닥면에 발생하는 응력에 대한 설명 중 옳지 않은 것은? (단, $P = 300$ kN, $e = 40$ mm, $b = 200$ mm, $h = 300$ mm)

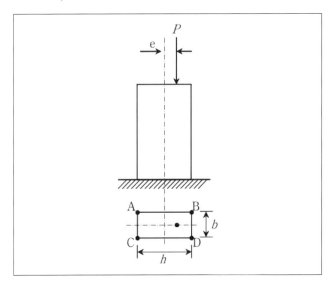

① A점과 C점의 응력은 같다.

② B점에 발생하는 압축응력의 크기는 9 MPa이다.

③ A점에는 인장응력이 발생한다.

④ B점과 D점의 응력은 같다.

18 그림과 같이 단순보에 2개의 이동하중이 통과할 때, 절대최대휨모멘트 발생 위치 x [m]는? (단, 하중은 오른쪽에서 왼쪽으로만 이동하고, 구조물의 자중은 무시한다)

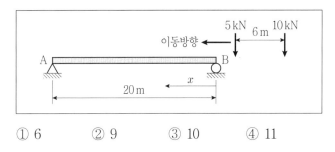

① 6   ② 9   ③ 10   ④ 11

19 그림과 같이 선형탄성 거동을 하는 직사각형 단면을 가지는 단순보의 중앙에 집중하중이 작용한다면, 보 단면 A, B, C의 위치에서 발생하는 휨응력과 전단응력에 대한 설명으로 옳지 않은 것은? (단, 구조물의 자중은 무시한다)

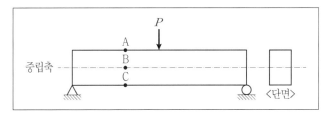

① A점의 전단응력은 0이다.

② A점과 C점의 휨응력의 절댓값은 같다.

③ 집중하중의 크기가 2배가 되는 경우, C점의 휨응력의 크기는 2배가 된다.

④ B점에서 전단응력과 휨응력이 모두 최대가 된다.

20 그림과 같은 구조물에서 지점 A의 반력모멘트 크기[kN · m]는? (단, AB부재 휨강성은 $2EI$, BC부재 휨강성은 $3EI$ 이고, 구조물의 자중은 무시한다)

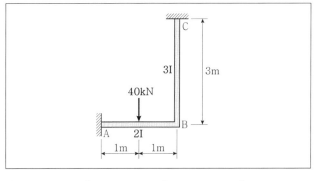

① 12.5   ② 16.2   ③ 20.0   ④ 24.2

01 재료의 응력 − 변형률 관계에 대한 설명으로 옳지 않은 것은?

① 재료의 탄성계수 단위와 응력의 단위는 동일하다.
② 모든 탄성재료의 응력−변형률 선도는 직선이다.
③ 연성재료의 경우 항복과 동시에 파괴되지는 않는다.
④ 소성구간에서 하중을 제거하면 영구변형이 발생한다.

02 다음 그림과 같은 직사각형 단면의 도심을 지나는 X축에 대한 탄성단면계수(S)와 소성단면계수(Z)의 비 (S : Z)는?

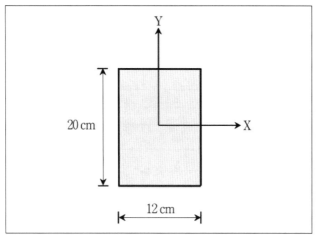

① 1 : 2   ② 1 : 4   ③ 2 : 3   ④ 4 : 1

03 다음 그림과 같이 수평 스프링 A에 무게가 20 N인 두 개의 강체블록 B와 C가 연결되어 있다. 수평 스프링 A가 받는 힘의 크기[N]는? (단, 바닥과 강체블록 B와의 마찰력, 도르레의 마찰력은 무시한다)

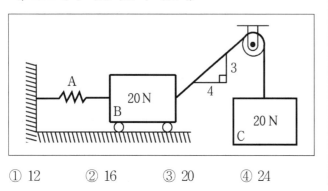

① 12   ② 16   ③ 20   ④ 24

04 그림과 같은 구조물에서 지점 B의 수평반력[kN]의 크기와 방향은? (단, 구조물의 자중은 무시한다)

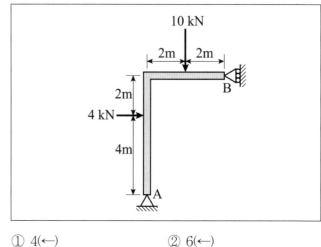

① 4(←)   ② 6(←)
③ 6(→)   ④ 9(←)

05 다음 그림과 길이와 양단 지지조건이 다른 세 개의 기둥이 있다. 각 기둥에 대한 오일러 좌굴하중을 비교하였을 때 옳은 것은? (단, 기둥의 재료와 단면적은 같다)

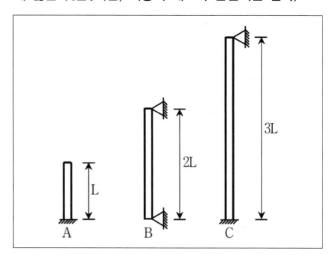

① A = B > C
② A = B < C
③ A < B < C
④ A > B > C

06 그림과 같이 하중 P_1, P_2, P_3의 합력 R이 30 kN인 평면력계에서 합력점에서 P_2까지의 거리 x[m]는?

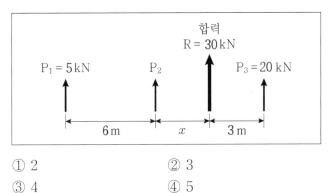

① 2
② 3
③ 4
④ 5

07 다음 그림과 같이 부재의 B, C, D점에 수평하중이 작용할 때 D점의 수평변위 크기[mm]는? (단, 부재의 탄성계수 E = 100 GPa, 단면적 A = 1 mm²이다)

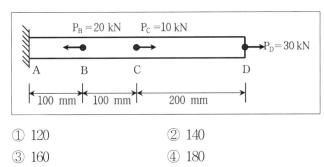

① 120
② 140
③ 160
④ 180

08 다음 그림과 같은 게르버보에서 좌측 경간의 중간인 A점에 발생하는 전단력[N]은? (단, 보의 자중은 무시한다)

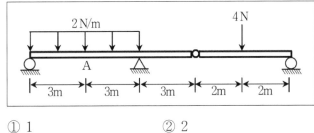

① 1
② 2
③ 3
④ 6

09 다음 그림과 같은 수평한 강체보(rigid beam) AB가 길이가 다른 2개의 강봉으로 A와 B에서 핀으로 연결되어 있다. 연직하중 P가 강체보 AB사이에 작용할 때 보 AB가 수평을 유지하기 위한 연직하중 P의 작용위치 X는? (단, 두 개 강봉의 단면적과 탄성계수는 동일하다)

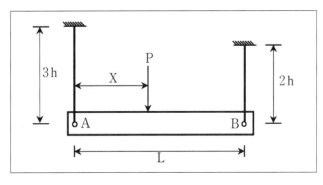

① 0.3 L
② 0.4 L
③ 0.5 L
④ 0.6 L

10 다음 그림과 같은 트러스 구조물에서 부재 CG와 DE의 부재력 F_{CG}와 F_{DE}는?

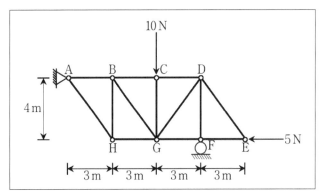

	F_{CG}	F_{DE}
①	−10 N,	−5 N
②	+10 N,	+5 N
③	−10 N,	0 N
④	+10 N,	0 N

11 다음과 같은 양단 고정보의 휨모멘트도 형상으로 가장 적절한 것은?

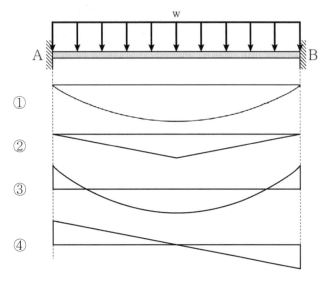

12 그림과 같이 원형단면(지름 20 mm)을 가지는 봉부재에 중심축하중 600 kN이 작용하여 길이가 10 mm 늘어났을 때, 부재의 전단탄성계수[GPa]는? (단, π는 3으로 가정하고, 포아송비(v)는 0.25이다)

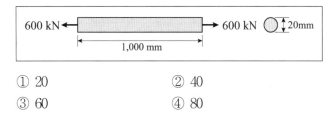

① 20   ② 40
③ 60   ④ 80

13 다음 그림과 같이 연직하중을 받는 단순보의 B점에서 최대전단응력의 크기[kPa]는?

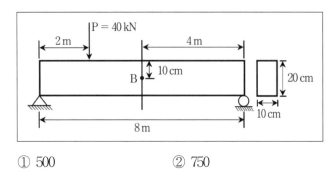

① 500   ② 750
③ 1,000   ④ 1,200

14 다음 그림과 같은 시설물에 횡하중이 작용할 때, 활동(미끄러짐)과 전도의 발생 여(○)부(×)는? (단, 바닥면과의 미끄럼계수 μ는 0.4이고, 시설물의 두께와 밀도는 균일하다)

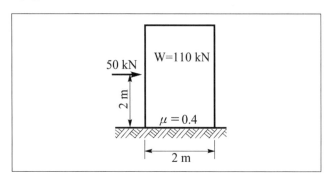

① 활동 : ×, 전도 : ×
② 활동 : ○, 전도 : ×
③ 활동 : ×, 전도 : ○
④ 활동 : ○, 전도 : ○

15 그림과 같은 초기응력이 없는 양단 고정보에 40 °C의 온도상승이 있을 때, 보에 발생하는 축력[kN]은? (단, 보의 단면적 A = 3,000 mm², 탄성계수 E = 2.0×10^5MPa, 열팽창계수 $\alpha = 1.5 \times 10^{-5}$/°C이다)

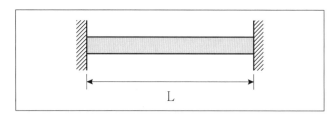

① 240(인장력)   ② 240(압축력)
③ 360(인장력)   ④ 360(압축력)

16 다음과 같은 단면적이 A인 임의의 부재 단면이 있다. 도심축으로부터 y_1 떨어진 축(x_1)을 기준으로 한 단면 2차 모멘트의 크기가 I_{x1}일 때, $2y_1$ 떨어진 축(x_2)을 기준으로 한 단면 2차 모멘트의 크기는?

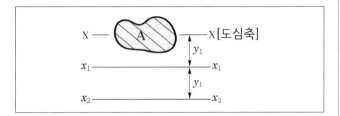

① $I_{x1} + A\,y_1^2$

② $I_{x1} + 2A\,y_1^2$

③ $I_{x1} + 3A\,y_1^2$

④ $I_{x1} + 4A\,y_1^2$

17 그림과 같은 라멘에서 A점에 강접합된 3개의 부재가 B, C, D 지점이 각각 고정지지되어 있다. 절점 A에 외력 모멘트 M이 작용할 때 부재 AD의 모멘트 분배율(DF)은? (단, I는 단면2차모멘트이다)

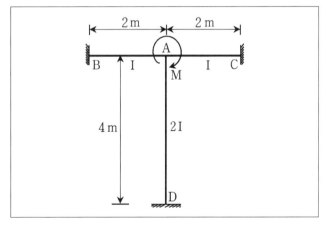

① 1

② 1/2

③ 1/3

④ 1/4

18 그림과 같이 단순보에 연행하중이 이동할 때, 지점 A에서의 최대 반력[kN]은? (단, 보의 자중은 무시한다)

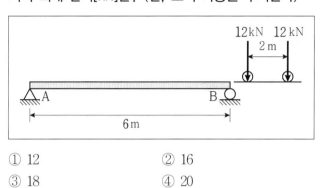

① 12

② 16

③ 18

④ 20

19 그림과 같은 양단 내민보의 중앙 C점에서 휨모멘트가 0이 되기 위한 하중 P의 크기는? (단, 보의 자중은 무시한다)

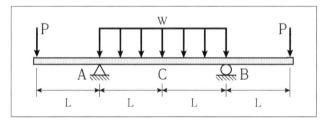

① $\dfrac{1}{4}$wL

② $\dfrac{2}{4}$wL

③ $\dfrac{3}{4}$wL

④ wL

20 그림과 같이 내민보의 D점에 집중하중 P가 작용할 때, 자유단 C점의 처짐은? (단, 보의 휨강성은 EI이며, 보의 자중은 무시한다)

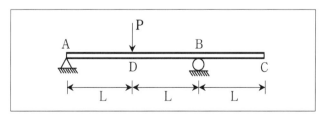

① $\dfrac{PL^2}{16EI}$

② $\dfrac{PL^2}{4EI}$

③ $\dfrac{PL^3}{16EI}$

④ $\dfrac{PL^3}{4EI}$

01 그림과 같이 각도를 서로 다르게 매단 케이블에 동일한 중량 W가 매달려 있을 때, 경사 케이블 T_a, T_b, T_c의 장력 크기 순서는?

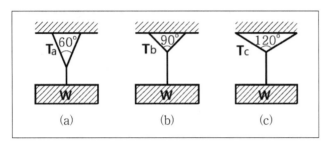

① $T_a > T_b > T_c$
② $T_a > T_c > T_b$
③ $T_c > T_a > T_b$
④ $T_c > T_b > T_a$

02 그림과 같은 삼각형 콘크리트 옹벽에서 단위 폭에 대해서 수평력이 24 kN 작용할 때, 옹벽이 전도되지 않기 위한 밑면의 최소 길이 B[m]는? (단, 뒤채움 토사의 합력은 그림과 같은 위치에 24 kN/m로 작용하며, 콘크리트의 단위중량은 24 kN/m³이다)

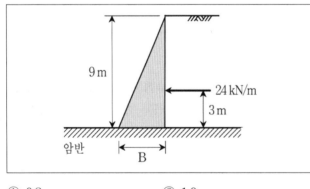

① 0.8
② 1.0
③ 1.2
④ 1.4

03 그림과 같은 단면에서 x축으로부터 도심 G까지의 거리 y_0는?

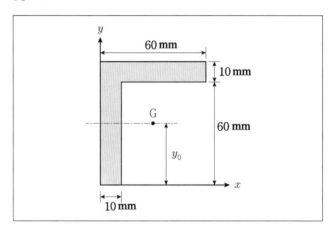

① 36.5
② 42.5
③ 47.5
④ 52.5

04 지름 d = 20 mm, 길이 L = 1 m인 강봉의 원형단면 도심에 인장력이 작용했을 때 길이는 1 mm 늘어나고, 지름은 0.004 mm 줄어들었다. 탄성계수 E = 2.4×10^5 [N/mm²]라면 전단탄성계수 G의 크기[N/mm²]는? (단, 강봉의 축강성은 일정하고, 자중은 무시한다)

① 9.0×10^4
② 10.0×10^4
③ 12.0×10^4
④ 15.0×10^4

05 다음 그림은 집중하중과 등분포하중이 작용하는 단순보의 전단력도(SFD)이다. 이 경우의 최대 휨모멘트의 크기[kN · m]는?

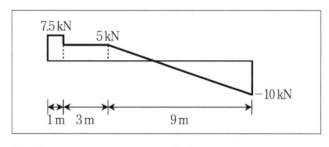

① 22.5
② 30.0
③ 45.0
④ 60.0

---

06 그림과 같은 단순보의 수직 반력 Ra 및 Rb가 같기 위한 거리 x 크기[m]는? (단, 보의 휨강성 EI는 일정하고, 자중은 무시한다)

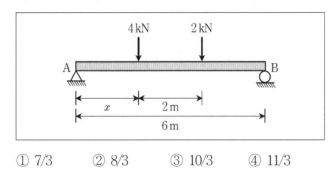

① 7/3　② 8/3　③ 10/3　④ 11/3

07 다음 그림과 같은 트러스에서 부재 BC의 부재력[kN]은?

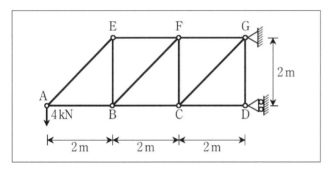

① 8(압축력)　② 8(인장력)
③ 16(압축력)　④ 16(인장력)

08 그림과 같은 하중을 받는 사각형 단면의 탄성 거동하는 짧은 기둥이 있다. A점의 응력이 압축이 되기 위한 P1/P2의 최솟값은? (단, 기둥의 자중은 무시한다)

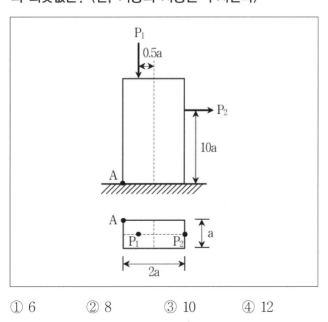

① 6　② 8　③ 10　④ 12

09 그림과 같은 하중을 받는 라멘구조에서 C점의 모멘트가 0이 되기 위한 집중하중 P[kN]는? (단, 라멘구조의 자중은 무시한다)

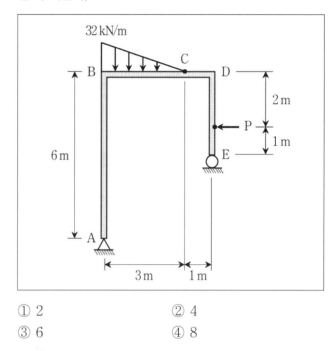

① 2　② 4
③ 6　④ 8

10 그림과 같은 평면응력 상태의 미소 요소에서 최대 주응력의 크기[MPa]는?

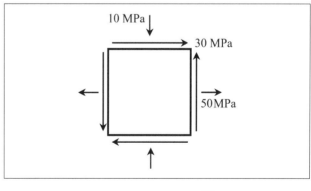

① 30　② $30\sqrt{2}$
③ 50　④ $20+30\sqrt{2}$

11 그림과 같이 B점에 내부힌지가 있는 게르버 보에서 C점의 전단력의 영향선 형태로 가장 적합한 것은?

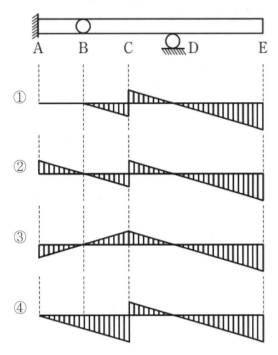

12 다음 그림과 같은 기둥 부재에 하중이 작용하고 있다. 부재 AB의 총 수직방향 길이 변화량(δ)은? (단, 단면적 A와 탄성계수 E는 일정하고, 부재의 자중은 무시한다)

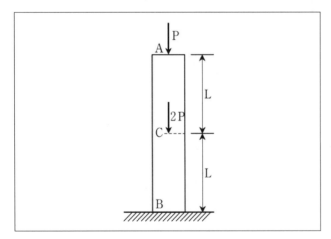

① $\dfrac{PL}{EA}$

② $\dfrac{2PL}{EA}$

③ $\dfrac{3PL}{EA}$

④ $\dfrac{4PL}{EA}$

13 그림과 같이 캔틸레버 보에 하중 P와 Q가 작용하였을 때, 캔틸레버 보 끝단 C점의 처짐이 0이 되기 위한 P와 Q의 관계는? (단, 보의 휨강성 EI는 일정하고, 자중은 무시한다)

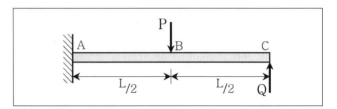

① $Q = \dfrac{3}{16}P$

② $Q = \dfrac{1}{4}P$

③ $Q = \dfrac{5}{16}P$

④ $Q = \dfrac{3}{8}P$

14 다음 그림과 같이 길이가 같고 지지조건이 서로 다른 두 장주에서 (a) 기둥의 좌굴하중이 40 kN이다면, 기둥 (b)의 좌굴하중[kN]은? (단, 두 기둥의 EI는 같고, 자중은 무시한다)

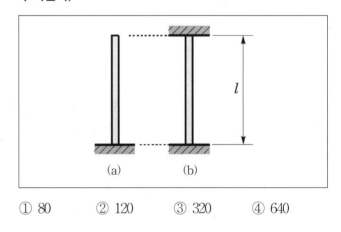

① 80   ② 120   ③ 320   ④ 640

15 다음 그림의 게르버보에서 최대 휨모멘트의 크기[kN]는? (단, 부재의 자중은 무시한다)

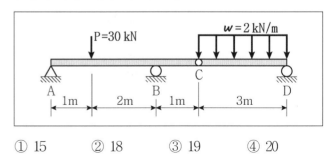

① 15   ② 18   ③ 19   ④ 20

16 다음 보의 내부힌지 B점에서의 처짐[mm]은? (단, 탄성계수 E = 200 GPa, 단면2차모멘트 I = 5×10^8 mm⁴이고, 보의 자중은 무시한다)

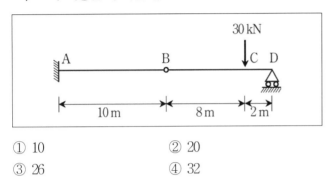

① 10
② 20
③ 26
④ 32

17 그림과 같이 양단이 고정된 부재에 하중 P가 C점에 작용할 때, 부재의 변형에너지는? (단, 부재의 축강성은 EA이고, 부재의 자중은 무시한다)

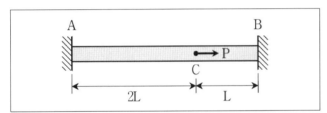

① $\dfrac{P^2L}{EA}$
② $\dfrac{2P^2L}{3EA}$
③ $\dfrac{P^2L}{3EA}$
④ $\dfrac{P^2L}{6EA}$

18 그림 (a)와 같이 막대구조물에 P = 2,500 N의 축방향력이 작용하였을 때, 막대구조물 끝단 A점의 축방향 변위[mm]는? (단, 막대구조물 재료의 응력－변형률 관계는 그림 (b)와 같고, 막대구조물 단면적은 10 mm²이다)

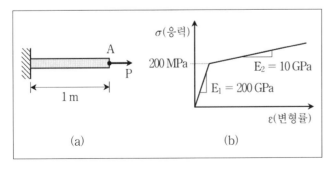

① 3
② 4
③ 5
④ 6

19 다음 그림과 같이 부재 BDE는 강체(rigid body)이고 D점에서 핀으로 지지되어 있으며, B점에서 수직부재 ABC와 핀으로 연결되어 있다. 이에 대한 설명으로 옳지 않은 것은? (단, 부재 ABC의 단면적 및 탄성계수는 일정하고, 자중은 무시한다)

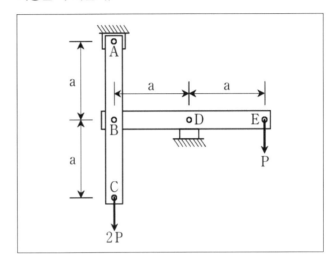

① 이 구조물은 정정구조물이다.
② A 지점의 수직 반력은 위로 P가 작용한다.
③ E점은 아래쪽으로 이동한다.
④ 수직부재에서 BC 구간의 길이 변화량은 AB 구간의 2배이다.

20 다음과 같은 구조물에서 C점의 수직변위[mm]의 크기는? (단, 휨강성 EI = 10000/16 MN · m², 스프링상수 k = 1 MN/m이고, 자중은 무시한다)

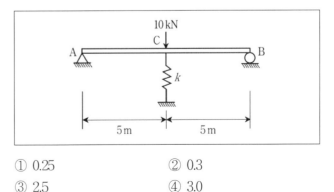

① 0.25
② 0.3
③ 2.5
④ 3.0

공무원 토목직
실전◈동형 모의고사

토목
설계

문제편

본 문제는 국토교통부에서 고시한 건설기준코드(구조설계기준 : KDS 14 00 00)에 부합하도록 출제하였으며, 이외 기준은 해당 문항에 별도 표기함

01 강도설계법에서 적용하는 휨해석의 기본 가정에 해당되지 않는 것은?

① 철근과 콘크리트의 변형률은 중립축부터 거리에 비례하는 것으로 가정할 수 있다. 그러나 기준에 규정된 깊은보는 비선형 변형률 분포를 고려하여야 한다.

② 휨모멘트 또는 휨모멘트와 축력을 동시에 받는 부재의 콘크리트 압축연단의 극한변형률은 콘크리트의 설계기준압축강도가 40 MPa 이하인 경우에는 0.003으로 가정한다.

③ 콘크리트의 인장강도는 철근콘크리트 부재 단면의 축강도와 휨강도 계산에서 무시할 수 있다.

④ 콘크리트 압축응력의 분포와 콘크리트변형률 사이의 관계는 직사각형, 사다리꼴, 포물선형 또는 강도의 예측에서 광범위한 실험의 결과와 실질적으로 일치하는 어떤 형상으로도 가정할 수 있다.

02 구조해석결과에서 고정하중(D)과 활하중(L)에 의해 아래와 같은 부재력(전단력 V, 휨모멘트 M)을 얻었을 때, 강도설계법을 적용하기 위한 계수전단력 Vu와 계수휨모멘트 Mu 값은?

- 고정하중에 의한 단면력 : V_D=200 kN, M_D=300 kN·m
- 활하중에 의한 단면력 : V_L=100 kN, M_L=150 kN·m

	Vu[kN]	Mu[kN·m]
①	300	450
②	400	500
③	400	600
④	440	660

03 보통중량골재를 사용한 설계기준압축강도 f_{ck}=30 MPa 인 콘크리트의 할선탄성계수[MPa] 계산식으로 옳은 것은? (단, 콘크리트 단위질량 m_c=2,300 kg/m³이다)

① $E_c = 8,500 \sqrt[3]{30}$

② $E_c = 8,500 \sqrt[3]{34}$

③ $E_c = 10,000 \sqrt[3]{30}$

④ $E_c = 10,000 \sqrt[3]{34}$

04 철근콘크리트 기둥에 대한 설명으로 옳지 않은 것은?

① 기둥의 횡방향 철근에는 나선철근과 띠철근이 있다.

② 기둥의 세장비가 커지면 좌굴의 영향이 감소하여 압축하중 지지능력이 증가한다.

③ 기둥의 좌굴하중은 경계조건의 영향을 받는다.

④ 축방향철근의 순간격은 40mm 이상 또한 축방향철근 지름의 1.5배 이상이어야 한다.

05 그림과 같은 복철근 직사각형 보에서 인장철근과 압축철근이 모두 항복하는 경우 등가 응력블럭의 깊이 a [mm]는? (단, 콘크리트의 설계기준압축강도 f_{ck}=20 MPa, 철근의 설계기준항복강도 f_y=400 MPa, d=500 mm, b=400 mm, d'=50 mm, A_s'=1800 mm², A_s=3500 mm²이다)

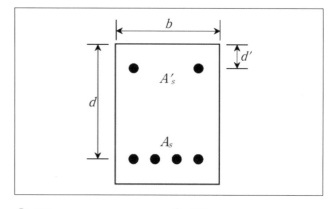

① 100   ② 125

③ 150   ④ 200

06 다음 1방향 슬래브에 관한 설명 중 옳지 않은 것은?

① 1방향 슬래브의 두께는 최소 100 mm 이상으로 하여야 한다.

② 정·부모멘트 철근의 중심간격은 위험단면에서는 슬래브 두께의 2배 이하 또한 300 mm 이하로 하여야 한다.

③ 네 변 지지되는 직사각형 슬래브 중에서 단변에 대한 장변의 길이의 비가 1.8을 넘으면 1방향 슬래브로 해석한다.

④ 정모멘트 철근 및 부모멘트 철근에 직각 방향으로 수축·온도철근을 배치하여야 한다.

07 PSC에 대한 설명으로 옳지 않은 것은?

① 프리텐션은 철근과 콘크리트의 부착에 의해 응력을 전달한다.

② 포스트텐션은 정착부의 정착에 의해 응력을 전달한다.

③ 그라우팅(grouting) 시에는 압축공기로 도관을 불어내는 것이 좋다.

④ 도관(sheath)은 프리텐션 공법에서 사용된다.

08 □□시 ○○구에 폭 12 m인 지방 하천을 지나는 교량의 설계 단면이 그림과 같은 슬래브와 보로 이루어져 있다. 이 경우 대칭 T형보로 해석하기 위한 플랜지 유효폭 [mm]은? (단, 보의 경간 L = 12 m이다.)

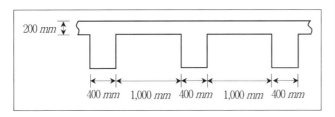

① 1,400   ② 2,100

③ 3,000   ④ 3,600

09 프리스트레스하지 않은 현장치기 콘크리트의 경우 각 부재의 최소 피복두께의 값으로 옳지 않은 것은?

① 옥외의 공기나 흙에 직접 접하지 않는 슬래브나 벽체에 D13 철근을 사용한 경우 : 20 mm

② 흙에 접하거나 옥외의 공기에 직접 노출되는 콘크리트에 D25 철근을 사용한 경우 : 50 mm

③ 흙에 접하여 콘크리트 친 후 영구히 흙에 묻혀 있는 콘크리트 : 80 mm

④ 수중에서 타설하는 콘크리트 : 100 mm

10 중심축하중을 받는 길이 L = 10 m, 단면 크기 300 mm × 200 mm인 단순지지 기둥의 오일러 좌굴하중[kN]은? (단, π = 3으로 계산하며 기둥의 탄성계수 E = 200,000 MPa이다)

① 2,800   ② 3,200

③ 3,600   ④ 4,800

11 그림과 같은 강판(두께 10 mm)을 리벳으로 이음할 때 강판의 허용 인장력[kN]은? (단, 리벳구멍의 직경은 20 mm이고, 강판의 허용 인장응력 f_{ta} = 300 MPa이다)

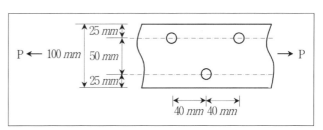

① 124   ② 136

③ 168   ④ 204

12 옹벽의 설계일반에 대한 설명으로 옳지 않은 것은?

① 캔틸레버식 옹벽의 전면벽은 저판에 지지된 캔틸레버로 설계할 수 있다.

② 부벽식 옹벽에서 앞부벽과 뒷부벽은 T형보로 설계해야 한다.

③ 활동에 대한 저항력은 옹벽에 작용하는 수평력의 1.5배 이상이어야 한다.

④ 전도에 대한 저항휨모멘트는 횡토압에 의한 전도모멘트의 2.0배 이상이어야 한다.

13 철근콘크리트 구조에서 인장 및 압축 이형철근 정착 길이의 최소값으로 옳은 것은?

① 인장철근 : 200 mm 이상, 압축철근 : 300 mm 이상

② 인장철근 : 300 mm 이상, 압축철근 : 200 mm 이상

③ 인장철근 : 300 mm 이상, 압축철근 : 400 mm 이상

④ 인장철근 : 400 mm 이상, 압축철근 : 300 mm 이상

14 단순보의 지간이 9 m이고 단면의 형상이 그림과 같은 경우, 부재축과 수직인 U형 전단철근의 최대 간격 s [mm]는? (단, 콘크리트의 설계기준강도 f_{ck} = 25MPa, 철근의 항복강도 f_y = 400MPa, 설계등분포하중 w_u = 50 kN/m, 사용 전단철근 1본의 단면적 A_s = 100mm^{2}이다)

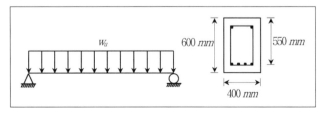

① 137.5   ② 275

③ 412.5   ④ 550

15 지간중앙에서 편심 e = 0.3 m인 포물선 형태로 긴장재를 배치한 지간 L = 20 m의 프리스트레스트 콘크리트보가 있다. 활하중 w_L = 17.5 kN/m가 작용할 때, 자중을 포함한 전체 등분포 하중과 하중평형개념에 의한 등분포 상향력의 크기가 같아지도록 하는 프리스트레스 힘[kN]은? (단, 콘크리트 단위중량은 25 kN/m^{3}이고, 프리스트레스 손실은 없다)

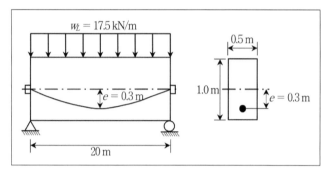

① 2,000   ② 3,000

③ 4,000   ④ 5,000

16 구조용 강재의 재료정수로 옳지 않은 것은?

① 탄성계수 200,000 MPa

② 전단탄성계수 81,000 MPa

③ 푸아송비 0.3

④ 선팽창계수 0.000012/°C

17 단변의 길이 S = 1 m, 장변의 길이 L = 2 m인 단순 4변 지지의 직사각형 2방향 슬래브가 등분포 하중 w를 받을 때, 슬래브 중앙점 e에서 서로 직교하는 슬래브대 ab와 슬래브대 cd가 각각 분담하여 지지하는 등분포 하중의 비 $w_{ab} : w_{cd}$에 가장 가까운 값은?

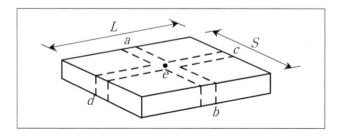

① 4 : 1   ② 9 : 1

③ 16 : 1   ④ 25 : 1

18 강구조 설계에서 용접에 대한 설명으로 옳지 않은 것은?

① 필릿용접의 유효면적은 유효길이에 유효목두께를 곱한 것으로 한다.

② 필릿용접의 유효길이는 필릿용접의 총길이에서 용접치수의 2배를 공제한 값으로 한다.

③ 플러그용접과 슬롯용접의 유효길이는 목두께의 중심을 잇는 용접중심선의 길이로 한다.

④ 강도를 기반으로 하여 설계되는 필릿용접의 최소길이는 공칭용접치수의 3배 이상으로 하여야 한다.

19 프리스트레싱 긴장재를 긴장한 PSC 부재에서 1년 후 발생된 건조수축변형률이 $\varepsilon_{sh} = 8 \times 10^{-5}$인 경우, 이 때 건조수축으로 인한 프리스트레스 손실량[MPa]은? (단, 긴장재의 표준 탄성계수는 200 GPa이다)

① 8   ② 16

③ 32   ④ 64

20 폭 b = 400 mm, 전체높이 h = 600 mm, 유효깊이 d = 550 mm인 단철근 직사각형 단면의 공칭모멘트 Mn[kN · m]은? (단, 콘크리트의 설계기준강도 fck = 30 MPa, 철근의 항복강도 fy = 300 MPa, 인장측 철근의 단면적 As = 3400 mm²이다)

① 510   ② 561

③ 610   ④ 661

본 문제는 국토교통부에서 고시한 건설기준코드(구조설계기준 : KDS 14 00 00)에 부합하도록 출제하였으며, 이외 기준은 해당 문항에 별도 표기함

01 철근콘크리트 보의 휨파괴 유형에 대한 설명으로 옳지 않은 것은?

① 연성파괴는 과소철근보로 설계되어 인장철근이 먼저 항복하여 파괴되는 유형이다.

② 취성파괴는 과다철근보로 설계되어 압축연단 콘크리트의 변형률이 극한변형률에 먼저 도달하여 파괴되는 유형이다.

③ 균형파괴는 인장철근이 항복함과 동시에 콘크리트가 압축파괴되는 유형이다.

④ 취성파괴는 철근콘크리트 보의 바람직한 파괴 유형이다.

02 1방향 철근콘크리트 슬래브의 수축·온도 철근에 대한 설명으로 옳지 않은 것은? (단, 현행 구조설계기준(KDS)을 적용한다)

① 어떤 경우에도 철근비는 0.0014 이상이어야 한다.

② 설계기준 항복강도 f_y를 발휘할 수 있도록 정착되어야 한다.

③ 휨모멘트를 지지하는 주철근에 평행하게 배치하여야 한다.

④ 배근 간격은 슬래브 두께의 5배 이하, 또한 450 mm 이하로 하여야 한다.

03 철근콘크리트 구조와 비교할 때 프리스트레스트 콘크리트 구조의 장점으로 옳지 않은 것은?

① 탄성적이고 복원성이 우수하다.

② 내구성 및 수밀성이 좋다.

③ 긴장재를 절곡해서 배치할 경우, 단면의 전단력이 감소된다.

④ 내화성이 우수하고 날씬한 구조가 가능하다.

04 콘크리트의 크리프에 대한 설명으로 옳지 않은 것은?

① 대기 중의 습도가 증가하면 크리프 변형률은 증가한다.

② 작용하는 하중이 클수록 크리프 변형률은 증가한다.

③ 다짐이 불충분하면 크리프 변형률은 증가한다.

④ 물 − 시멘트비가 클수록 크리프 변형률은 증가한다.

05 강구조연결설계기준에서 제시된 이음부의 설계세칙으로 옳지 않은 것은? (단, 현행 하중저항계수설계법 구조설계기준(KDS 14 31 25 : 2024)을 따른다)

① 응력을 전달하는 필릿용접의 최소유효길이는 공칭용접치수의 10배 이상 또한 30 mm 이상을 원칙으로 한다.

② 응력을 전달하는 겹침이음은 2열 이상의 필릿용접을 원칙으로 하고, 겹침길이는 얇은쪽 판 두께의 4배 이상 또한 40 mm 이상으로 한다.

③ 고장력볼트의 구멍중심 간의 거리는 공칭직경의 2.5배를 최소거리로 하고 3배를 표준거리로 한다.

④ 고장력볼트의 구멍중심에서 볼트머리 또는 너트가 접하는 부재의 연단까지의 최대거리는 판 두께의 12배 이하 또한 150 mm 이하로 한다.

06 콘크리트구조 설계(강도설계법)에서 고려되는 강도감소계수(ϕ)에 대한 설명으로 옳지 않은 것은? (단, 현행 구조설계기준(KDS)을 따른다)

① 휨모멘트와 축력을 받는 부재에 대하여 인장지배단면의 강도감소계수는 0.85이다.

② 휨모멘트와 축력을 받는 부재에 대하여 띠철근으로 보강된 압축지배단면의 강도감소계수는 0.65이다.

③ 전단력과 비틀림모멘트를 받는 부재의 강도감소계수는 0.75이다.

④ 포스트텐션 정착구역의 강도감소계수는 0.70이다.

07 독립기초에서 기둥으로부터 전달되는 사용 고정하중 1,100 kN과 사용 활하중 700 kN을 지지도록 정사각형 독립확대기초를 설계할 때, 정사각형 기초판의 한 변 길이의 최솟값[m]은? (단, 지반의 허용지지력 $q_a = 0.2$ MPa이고 기초판의 자중은 무시하며, 현행 구조설계기준 (KDS)을 따른다)

① 2.0 ② 2.5
③ 3.0 ④ 3.5

08 철근의 이음에 대한 설명으로 옳지 않은 것은? (단, 현행 구조설계기준(KDS)을 적용한다)

① 철근의 이음에는 겹침이음, 용접이음, 기계적이음 등이 있다.
② 압축철근의 겹침이음 길이는 $200\,\mathrm{mm}$ 이상이어야 한다.
③ 기계적이음은 철근의 설계기준항복강도 f_y의 $125\,\%$ 이상을 발휘할 수 있는 완전 기계적이음이어야 한다.
④ 휨부재에서 서로 직접 접촉되지 않게 겹침이음된 철근은 횡방향으로 소요겹침 이음길이의 1/5 또는 $150\,\mathrm{mm}$ 중 작은 값 이상 떨어지지 않아야 한다.

09 철근콘크리트 단순보에 고정하중 30 kN/m와 활하중 60 kN/m만 작용할 때 강도설계법의 하중계수를 고려한 계수하중[kN/m]은? (단, 현행 구조설계기준(KDS)을 적용한다)

① 112 ② 120
③ 132 ④ 138

10 그림과 같이 긴장재를 절곡하여 배치한 PSC보에서 프리스트레스 힘만에 의한 중앙단면의 솟음값은? (단, $\sin\theta \cong \tan\theta$이고, EI는 단면의 휨강성이다)

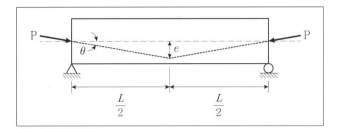

① $\dfrac{1}{8}\dfrac{PeL^2}{EI}$ ② $\dfrac{1}{12}\dfrac{PeL^2}{EI}$
③ $\dfrac{1}{24}\dfrac{PeL^2}{EI}$ ④ $\dfrac{1}{48}\dfrac{PeL^2}{EI}$

11 강도설계법에서 P−M 상관도를 이용한 철근콘크리트 기둥설계에 대한 설명으로 옳지 않은 것은? (단, $e_{\min}$: 최소편심, e_b: 균형편심이다)

① 균형편심 e_b는 부재의 압축지배와 인장지배를 구분하는 기준이 된다.
② $e < e_{\min}$인 경우, 중심 축하중을 받는 기둥으로 설계한다.
③ $e_{\min} < e < e_b$인 경우, 부재의 강도는 철근의 압축으로 지배된다.
④ $e > e_b$인 경우, 부재의 강도는 철근의 인장으로 지배된다.

12 그림과 같은 직사각형 단면의 철근콘크리트 보에 정모멘트가 작용할 때, 등가 직사각형 압축응력블록을 사용하여 계산한 단면의 공칭휨강도 M_n [kN · m]은? (단, 콘크리트의 설계기준압축강도 $f_{ck} = 20$ MPa, 철근의 설계기준항복강도 $f_y = 300$ MPa, 인장철근 단면적 $A_s = 1,700$ mm²이고, 현행 구조설계기준(KDS)을 따른다)

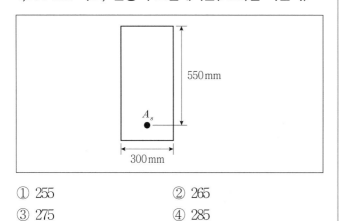

① 255
② 265
③ 275
④ 285

13 옹벽의 안정에 대한 설명으로 옳지 않은 것은? (단, 현행 구조설계기준(KDS 14 20 74 : 2021)을 따른다)

① 활동에 대한 저항력은 옹벽에 작용하는 수평력의 1.5배 이상이어야 한다.
② 전도 및 지반지지력에 대한 안정조건은 만족하지만, 활동에 대한 안정조건만을 만족하지 못할 경우에는 활동방지벽 혹은 횡방향 앵커 등을 설치하여 활동저항력을 증대시킬 수 있다.
③ 전도에 대한 저항 휨모멘트는 횡토압에 의한 전도모멘트의 1.5배 이상이어야 한다.
④ 지반에 유발되는 최대 지반반력은 지반의 허용지지력을 초과할 수 없다.

14 그림과 같은 철근콘크리트 확대기초의 뚫림 전단에 대한 위험단면 둘레 길이[mm]는? (단, 현행 구조설계기준(KDS)을 적용한다)

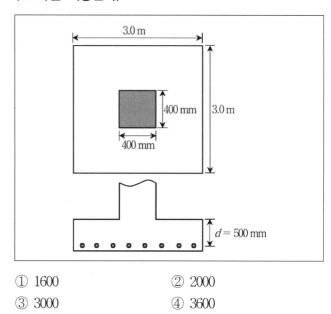

① 1600
② 2000
③ 3000
④ 3600

15 휨모멘트와 전단력을 받는 직사각형 철근콘크리트 보에서 폭 $b = 300$ mm이고 유효깊이 $d = 500$ mm인 경우, 콘크리트에 의한 공칭전단강도 V_c [kN]는? (단, 보통중량콘크리트의 설계기준압축강도 $f_{ck} = 25$ MPa, 현행 구조설계기준(KDS)을 따른다)

① 100
② 125
③ 150
④ 200

16 그림과 같이 폭과 두께가 일정한 강재를 그루브용접(완전용입용접)으로 연결하였을 때 용접부에 작용하는 응력[MPa]은?

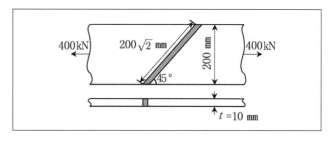

① 100
② $100\sqrt{2}$
③ 200
④ $200\sqrt{2}$

17 그림과 같은 인장부재의 리벳 접합에서 접합부 허용내력 [kN]은? (단, 리벳의 허용전단응력은 150 MPa, 허용지 압응력은 200 MPa이다)

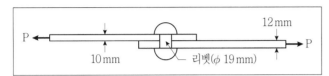

① 38.0   ② 40.0

③ 42.53   ④ 45.60

18 폭 $b = 300$ mm, 높이 $h = 400$ mm인 직사각형 철근콘크리트 보 단면에서 휨균열을 일으키는 휨모멘트 M_{cr} [kN·m]은? (단, 보통중량콘크리트의 설계기준압축강도 $f_{ck} = 25$ MPa이다)

① 12.5   ② 18.2

③ 22.0   ④ 25.2

19 인장 이형철근 D25(직경 $d_b = 25$ mm)의 기본정착길이 l_{db} [mm]는? (단, 보통중량콘크리트의 설계기준압축강도 $f_{ck} = 25$ MPa, 철근의 설계기준항복강도 $f_y = 500$ MPa, 현행 구조설계기준(KDS)을 따른다)

① 625   ② 1,200

③ 1,500   ④ 1,800

20 그림과 같이 철근콘크리트 보에 균열이 발생하여 중립축 깊이(x)가 100 mm일 때 균열단면2차모멘트 계산식은? (단, 탄성계수비 n = 8이다)

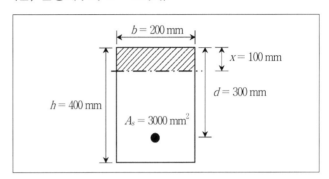

① $I_{cr} = \dfrac{(200)(100)^3}{12} + (8)(3,0000)(300 - 100)^2$

② $I_{cr} = \dfrac{(200)(100)^3}{3} + \left(\dfrac{3,000}{8}\right)(300 - 100)^2$

③ $I_{cr} = \dfrac{(200)(400)^3}{12} + \left(\dfrac{3,000}{8}\right)(300 - 100)^2$

④ $I_{cr} = \dfrac{(200)(100)^3}{3} + (8)(3,0000)(300 - 100)^2$

제
02
회

🗒 빠른 정답 p.94
🖉 해설 p.84

본 문제는 국토교통부에서 고시한 건설기준코드(구조설계기준 : KDS 14 00 00)에 부합하도록 출제하였으며, 이외 기준은 해당 문항에 별도 표기함

01 구조설계기준(KDS)에 따라 철근콘크리트 휨부재의 모멘트 강도를 계산하기 위하여 사용하는 기본가정사항과 응력블록에 대한 설명으로 옳지 않은 것은? (단, a는 등가직사각형 응력블록의 깊이, b는 단면의 폭, f_{ck}는 콘크리트의 설계기준압축강도로 40 MPa 이하이다)

① 콘크리트의 실제 압축응력분포의 면적과 등가직사각형 응력블록의 면적은 같다.

② 등가직사각형 응력블록의 도심과 실제 압축응력분포의 도심은 일치한다.

③ 등가직사각형 응력블록에 의한 콘크리트가 받는 압축응력의 합력은 $\eta 0.85 f_{ck} ab$로 계산한다.

④ 휨 또는 휨과 압축을 받는 부재에서 콘크리트 압축연단의 극한변형률은 0.003으로 가정한다.

02 1방향 슬래브에 대한 설명으로 옳지 않은 것은?

① 1방향 슬래브의 두께는 최소 120 mm 이상으로 하여야 한다.

② 슬래브의 정모멘트 철근 및 부모멘트 철근의 중심 간격은 위험단면에서는 슬래브 두께의 2배 이하여야 하고, 또한 300 mm 이하로 하여야 한다.

③ 슬래브의 정모멘트 철근 및 부모멘트 철근의 중심 간격은 위험단면을 제외한 기타의 단면에서는 슬래브 두께의 3배 이하여야 하고, 또한 450 mm 이하로 하여야 한다.

④ 4변에 의해 지지되는 2방향 슬래브 중에서 단면에 대한 장변의 비가 2배를 넘으면 1방향 슬래브로 해석한다.

03 외력이 작용하면 이에 대응하여 부재에는 부재력이 생긴다. 이로 인해 부재 단면에 발생하는 응력에 관한 설명으로 옳지 않은 것은?

① 휨모멘트가 작용할 때, 단면의 상하단 위치에서 최대 압축 또는 최대인장응력이 발생한다.

② 휨모멘트에 의한 휨응력은 단면의 단면2차모멘트가 클수록 작아진다.

③ 전단력이 작용할 때, 직사각형 단면의 전단응력은 단면 내에 균등하게 분포된다.

④ 인장력이 단면의 도심에 작용할 때, 하중작용점에서 충분히 멀리 떨어진 단면의 인장응력은 단면 내에 균등하게 분포된다.

04 그림과 같은 철근콘크리트 보를 설계할 때, 부재축에 직각으로 배치된 전단철근의 최대간격[mm]은? (단, 전단철근에 의한 공칭전단강도(V_s) 크기는 $V_s < \lambda \left(\dfrac{\sqrt{f_{ck}}}{3} \right) b_w d$ 이다)

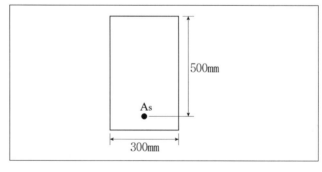

① 250
② 300
③ 400
④ 500

05 콘크리트의 설계기준압축강도(f_{ck})가 24 MPa이고, 압축강도의 시험 횟수가 14회 이하의 조건인 경우, 콘크리트 배합강도 f_{cr} [MPa]은?

① 31.0 　　　　　② 32.5
③ 34.0 　　　　　④ 38.5

06 고장력 볼트이음에 대한 설명으로 옳지 않은 것은?

① 볼트의 최소 및 최대 중심간격, 연단거리 등은 리벳의 경우와 같다.
② 고장력 볼트는 너트회전법, 직접인장측정법, 토크관리법 등을 사용하여 규정된 설계볼트장력 이상으로 조여야 한다.
③ 고장력 볼트로 연결된 인장부재의 순단면적은 볼트의 단면적을 포함한 전체 단면적으로 한다.
④ 마찰접합은 고장력 볼트의 강력한 조임력으로 부재간에 발생하는 마찰력에 의해 응력을 전달하는 접합형식이다.

07 콘크리트 기둥 부재에서 압축력을 받는 D25 이형철근의 기본정착길이 l_{db} [mm]는? (단, 보통중량콘크리트를 사용하고, 콘크리트의 설계기준압축강도 f_{ck} = 25 MPa, 철근의 설계기준항복강도 f_y = 400 MPa, D25 철근의 공칭지름은 25 mm로 가정한다)

① 500 　　　　　② 600
③ 1,000 　　　　④ 1,200

08 옹벽의 각부 벽체와 저판은 지지조건을 고려하여 설계한다. 다음 중 이에 대한 설명으로 옳지 않은 것은?

① 캔틸레버식 옹벽의 전면벽은 저판에 지지된 캔틸레버로 설계할 수 있다.
② 캔틸레버식 옹벽의 저판은 전면벽과의 접합부를 고정단으로 고려한 캔틸레버로 가정하여 단면을 설계할 수 있다.
③ 부벽식 옹벽의 저판은 부벽 사이의 거리를 경간으로 가정한 직사각형보 또는 T형보로 설계할 수 있다.
④ 부벽식 옹벽의 전면벽은 3변 지지된 2방향 슬래브로 설계할 수 있다.

09 단철근 철근콘크리트 직사각형보의 폭 b = 300 mm, 유효깊이 d = 500 mm이며, 전단철근 단면적 A_v = 200 mm^{2}이고, 전단철근간격 s = 200 mm일 때, 보의 공칭전단강도 V_n[kN]는? (단, $\lambda\sqrt{f_{ck}}$ = 5 MPa, f_{yt} = 400 MPa, λ는 경량콘크리트 계수, f_{ck}는 콘크리트의 설계기준압축강도, f_{yt}는 횡방향철근의 설계기준항복 강도이다)

① 270 　　　　　② 300
③ 325 　　　　　④ 420

10 프리스트레스트 콘크리트에서 프리스트레스의 감소 원인 중 프리스트레스 도입 후에 발생하는 시간적 손실의 원인에 해당하는 것은?

① 정착장치의 활동
② 긴장재와 덕트의 마찰
③ 콘크리트의 탄성수축
④ 콘크리트의 크리프

11 단순지지된 일반 철근콘크리트 보에서 지속하중에 의한 순간처짐이 10 mm 발생하였다. 5년 후 휨부재의 크리프와 건조수축에 의한 추가 장기처짐량[mm]은? (단, 콘크리트 보 중앙부에서 측정된 압축철근비 $\rho' = 0.005$이다)

① 10   ② 13
③ 16   ④ 20

12 교량 설계하중조합(한계상태설계법)에 따라 도로교 설계 시, 교량은 경간 8 m의 단순지지 구조이고 자중을 포함한 구조부재의 등분포 고정하중 20 kN/m, 등분포 차량활하중 15 kN/m가 작용할 때, 극한한계상태 하중조합 I에 대한 계수휨모멘트 M_u [kN · m]는? (단, KDS 24 12 11 : 2021에 따른다)

① 388   ② 416
③ 462   ④ 480

13 캔틸레버로 지지된 리브가 없는 1방향 슬래브의 처짐을 계산하지 않아도 되는 슬래브의 최소두께[mm]는? (단, 보통중량콘크리트를 사용하고, 큰 처짐에 의해 손상되기 쉬운 칸막이벽이나 기타 구조물을 지지 또는 부착하지 않고, 경간의 길이는 6 m, 철근의 설계기준항복강도 f_y = 400 MPa이다)

① 600   ② 680
③ 700   ④ 750

14 단철근 철근콘크리트 직사각형보의 폭 b = 400 mm, 유효깊이 d = 550 mm이며, 인장철근 단면적 $A_s = 1,700$mm², 콘크리트 설계기준압축강도 $f_{ck} = 20$ MPa, 철근의 설계기준항복강도 $f_y = 400$ MPa일 때, 공칭휨강도 M_n[kN · m]은? (단, 인장철근은 1단 배근되어 있다)

① 255   ② 310
③ 340   ④ 400

15 그림과 같은 주철근이 4－D25 배근된 띠철근기둥에서 띠철근의 최대 수직간격[mm]은? (단, D25 철근의 공칭지름은 25 mm 및 D10 철근의 공칭지름은 10 mm로 가정한다)

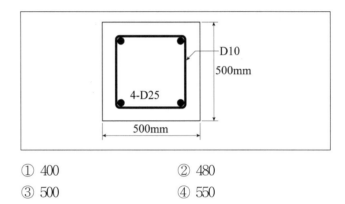

① 400   ② 480
③ 500   ④ 550

16 프리스트레스트 콘크리트구조의 긴장재 허용응력 기준에서 프리스트레스 도입 직후에 긴장재의 인장응력[MPa]은? (단, 긴장재의 설계기준인장강도 $f_{pu} = 2,000$ MPa, 긴장재의 설계기준항복강도 $f_{py} = 1,800$ MPa이다)

① 1,400   ② 1,476
③ 1,480   ④ 1,600

17 콘크리트 기초판에 수직력 P와 모멘트 M이 동시에 작용하고 있다. A지점에 압축응력이 발생하기 위한 최소 수직력 P [kN]는?

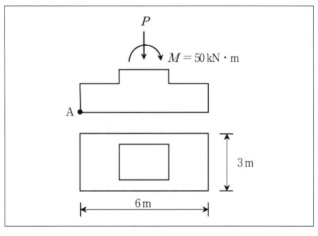

① 20   ② 30
③ 40   ④ 50

18 그림과 같이 경간 10 m의 대칭 T형보에서 등가직사각형 응력블록의 깊이 a [mm]는? (단, 콘크리트의 설계기준 압축강도 f_{ck} = 30 MPa, 철근의 설계기준항복강도 f_y = 400 MPa, 철근의 단면적 A_s = 8,000 mm²이다)

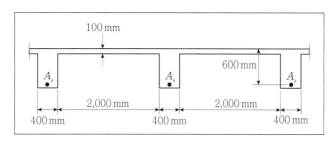

① 58.25
② 62.75
③ 72.25
④ 100

19 다음의 철근콘크리트 확대기초에서 유효깊이 d = 650 mm, 지압력 q_u = 0.3 MPa일 때, 1방향 전단에 대한 위험단면에 작용하는 전단력[kN]은?

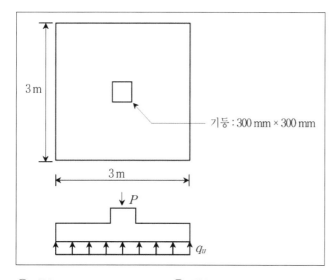

① 430
② 530
③ 630
④ 730

20 그림과 같이 그루브(맞댐)용접 연결된 강판에 전단력 P = 100 kN이 작용할 때, 용접 이음부의 전단응력 크기 [MPa]는?

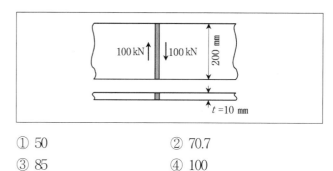

① 50
② 70.7
③ 85
④ 100

본 문제는 국토교통부에서 고시한 건설기준코드(구조설계기준 : KDS 14 00 00)에 부합하도록 출제하였으며, 이외 기준은 해당 문항에 별도 표기함

01 구조용 강재의 장점으로 옳지 않은 것은?

① 내화성이 우수하다.

② 공기가 빠르고, 보강이 용이하다.

③ 에너지 흡수능력이나 연성이 우수하다.

④ 단위체적당 비강성 및 비강도가 매우 크기 때문에 대규모 구조물에 적합하다.

02 철근콘크리트 구조에서 철근의 피복두께에 대한 설명으로 옳지 않은 것은? (단, 특수환경에 노출되지 않은 콘크리트로 한다)

① 피복두께는 철근을 화재로부터 보호하고, 공기와의 접촉으로 부식되는 것을 방지하는 역할을 한다.

② 피복두께는 콘크리트 표면과 그에 가장 가까이 배치된 철근 중심까지의 거리이다.

③ 프리스트레스하지 않는 수중타설 현장치기콘크리트 부재의 최소피복두께는 100 mm이다.

④ 옥외의 공기나 흙에 직접 접하지 않는 프리캐스트콘크리트 기둥의 띠철근에 대한 최소피복두께는 10 mm이다.

03 철근콘크리트 부재의 전단설계에 대한 설명으로 옳지 않은 것은? (단, 여기서, ϕ 는 강도감소계수, λ는 경량콘크리트계수, f_{ck} 는 콘크리트의 설계기준압축강도, b_w 는 부재 단면의 폭 그리고 d 는 부재 단면의 유효깊이 이다)

① 부재 단면의 공칭전단강도 V_n은 콘크리트에 의한 공칭전단강도 V_c와 전단철근에 의한 공칭전단강도 V_s의 합이다.

② 콘크리트에 의한 공칭전단강도는 $\frac{1}{6}\lambda\sqrt{f_{ck}}\,b_w d$로 계산한다.

③ 계수전단력 V_u가 콘크리트에 의한 설계전단강도 ϕV_c의 1/2 이하인 휨부재에는 최소전단철근을 배치하여야 한다.

④ 공칭전단강도 V_n을 결정할 때, 부재에 개구부가 있는 경우에는 그 영향을 고려하여야 한다.

04 철근의 정착과 이음에 대한 설명으로 옳지 않은 것은?

① 인장 이형철근의 정착길이 l_d 는 기본정착길이 l_{db}에 보정계수를 고려하는 방법을 적용할 수 있다.

② 기계적이음은 철근의 설계기준항복강도 f_y의 125 % 이상을 발휘할 수 있어야 한다.

③ 동일 조건에서 D19 이하의 인장 이형철근에 대한 보정계수는 D22 이상의 인장 이형철근에 대한 보정계수보다 작다.

④ 단부에 표준갈고리가 있는 인장 이형철근의 정착길이 l_{dh} 는 항상 $8\,d_b$ 이상, 또한 120 mm 이상이어야 한다.

05 그림과 같은 반T형보의 경간(span)이 12 m일 때, 비대칭 T형보의 유효 플랜지 폭[mm]은? (단, 복부폭 b_w = 500 mm, 플랜지 두께 t = 150 mm이다)

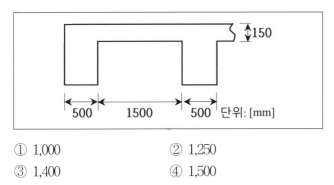

① 1,000
② 1,250
③ 1,400
④ 1,500

06 그림과 같이 단철근 직사각형 보가 공칭휨강도 M_n에 도달할 때 압축측 콘크리트가 부담하는 압축력 C의 크기[kN]는? (단, 철근의 전체단면적 A_s = 1,500 mm², 콘크리트의 설계기준압축강도 f_{ck} = 30 MPa, 철근의 설계기준항복강도 f_y = 400 MPa이다)

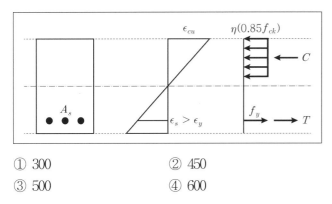

① 300
② 450
③ 500
④ 600

07 지간 20m인 프리스트레스드콘크리트 단순보에서 PS강선에 프리스트레스 힘 5,000 kN이 중앙에서 하향 편심 e = 200 mm (양 지점에서는 보의 중립축 위치)인 포물선으로 작용할 때, PS강선에 의한 등분포 상향력[kN/m]은?

① 10
② 15
③ 20
④ 25

08 프리스트레스를 가하지 않은 띠철근 단주의 공칭축강도 P_n은? (단, f_{ck} = 콘크리트의 설계기준압축강도, f_y = 철근의 설계기준항복강도, A_g = 기둥의 전체단면적, A_{st} = 종방향 철근의 전체단면적이다)

① $[0.85f_{ck}A_g + f_yA_{st}]$
② $[0.8f_{ck}(A_g - A_{st}) + f_yA_{st}]$
③ $0.80[0.85f_{ck}(A_g - A_{st}) + f_yA_{st}]$
④ $0.85[0.85f_{ck}(A_g - A_{st}) + f_yA_{st}]$

09 1방향 철근콘크리트 슬래브에 배근되는 수축·온도 철근에 대한 설명으로 옳지 않은 것은?

① 수축·온도철근용 이형철근의 철근비는 어떤 경우에도 0.0014 이상이어야 한다.
② 수축·온도철근의 간격은 슬래브 두께의 3배 이하, 또한 500 mm 이하로 하여야 한다.
③ 수축·온도철근은 설계기준항복강도를 발휘할 수 있도록 정착 되어야 한다.
④ 설계기준항복강도가 400 MPa 이하인 이형철근을 사용한 슬래브의 수축·온도철근비는 0.002 이상이어야 한다.

10 단면 크기가 400 mm × 500 mm인 직사각형 단면 기둥(단주)이 있다. 겹침이음하지 않는 단면의 최소 축방향 주철근량 As(min)[mm²]과 최대 축방향 주철근량 As(max)[mm²]은?

	As(min)	As(max)
①	1,500	4,000
②	2,000	8,000
③	2,000	12,000
④	2,000	16,000

11 일단 정착하는 프리스트레스트 콘크리트 포스트텐션 부재에서 일단의 정착부 활동이 3 mm 발생하였다. PS강선의 길이가 20 m, 초기 프리스트레스 f_i = 1,200 MPa 일 때 PS강선과 쉬스 사이에 마찰이 없는 경우 정착부 활동으로 인한 프리스트레스 손실량[MPa]은? (단, PS강선 탄성계수 E_{ps} = 200,000 MPa, 콘크리트 탄성계수 E_c = 28,000 MPa이다)

① 20   ② 24
③ 30   ④ 36

12 다음 그림과 같이 계수하중 P_u = 1,960 kN이 독립확대기초에 작용할 때, 위험단면의 설계휨모멘트 크기[kN · m]는?

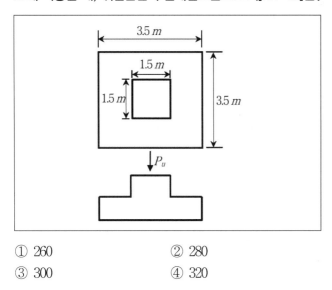

① 260   ② 280
③ 300   ④ 320

13 전단력과 휨모멘트만을 받는 철근콘크리트 부재에서 외력에 의한 전단하중 Vu = 75 kN이 작용할 때, 전단철근없이 견딜 수 있는 철근콘크리트 보의 최소 유효깊이 d[mm]는? (단, 콘크리트의 설계기준 압축강도 f_{ck} =25 MPa이고, 보의 폭은 400 mm, 기타사항은 현행 구조설계기준(KDS)에 따른다)

① 450   ② 500
③ 550   ④ 600

14 항만구조물의 철골부재에 사용되는 SM355 강재(항복강도 F_y = 355 MPa, 인장강도 F_u = 490 MPa)로 제작된 인장부재에서 총단면의 항복한계상태에 대한 공칭인장강도 P_n[kN]은? (단, 부재의 총단면적 A_g = 300 mm^2, 유효 순단면적 A_n = 240 mm^{2}이다)

① 85.2   ② 106.5
③ 117.6   ④ 147.0

15 기초판 설계에 대한 설명으로 옳지 않은 것은?

① 말뚝기초의 기초판 설계에서 말뚝의 반력은 각 말뚝의 중심에 집중된다고 가정하여 휨모멘트와 전단력을 계산할 수 있다.

② 기초판에서 휨모멘트, 전단력 그리고 철근정착에 대한 위험단면의 위치를 정할 경우, 원형 또는 정다각형인 콘크리트 기둥이나 주각은 같은 면적의 정사각형 부재로 취급할 수 있다.

③ 기초판 윗면부터 하부철근까지 깊이는 직접기초의 경우는 100 mm 이상, 말뚝기초의 경우는 400 mm 이상으로 하여야 한다.

④ 휨모멘트에 대한 설계 시, 1방향 기초판 또는 2방향 정사각형 기초판에서 철근은 기초판 전체 폭에 걸쳐 균등하게 배치하여야 한다.

16 그림과 같이 프리스트레스트 콘크리트 단순보에 자중을 포함한 등분포하중 $w = 40 \text{ kN/m}$가 작용한다. 긴장재가 편심 $e = 0.25 \text{ m}$로 직선 배치되어 있을 때, 지간 중앙단면의 하연에서 응력이 0(zero)이 되게 하는 프리스트레스 힘 P의 크기[kN]는? (단, 프리스트레스 손실은 없는 것으로 가정한다)

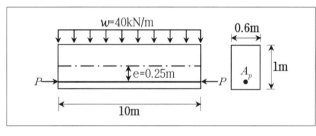

① 1,000
② 1,200
③ 2,000
④ 2,400

17 콘크리트의 설계기준압축강도 $f_{ck} = 25 \text{ MPa}$, 철근의 설계기준 항복강도 $f_y = 400 \text{ MPa}$인 인장철근 D32 (직경 $d_b = 32 \text{ mm}$로 가정)를 정착시키는데 소요되는 기본정착길이[mm]는? (단, 소수점 이하 첫째 자리에서 반올림한다)

① 1,536
② 1,626
③ 2,024
④ 2,345

18 역T형 옹벽에 작용하는 중력방향 하중이 W = 240 kN이고, 지반과 옹벽저판 사이의 마찰계수는 0.5이다. 옹벽의 활동에 대한 안정을 만족하기 위한 최대수평력 H [kN]는?

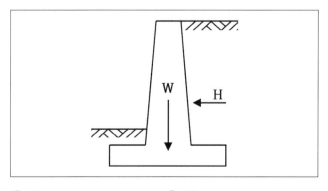

① 60
② 80
③ 100
④ 120

19 직접설계법을 이용하여 슬래브 구조를 설계하려고 할 때 만족하여야 하는 사항이 아닌 것은?

① 슬래브 시스템은 각 방향으로 3경간 이상 연속되어야 한다.
② 모든 하중은 연직하중으로서 슬래브판 전체에 걸쳐 등분포 되어야 한다.
③ 연속한 기둥 중심선을 기준으로 기둥의 어긋남은 그 방향 경간의 10% 이하이어야 한다.
④ 각 방향으로 연속한 반침부 중심간 경간 길이의 차이는 짧은 경간의 1/2 이하이어야 한다.

20 기둥의 길이 L = 8 m, 지름 d = 400 mm인 원형기둥의 유효세장비 λ는? (단, 기둥은 양단고정이다)

① 40
② 50
③ 60
④ 80

▢ 빠른 정답 p.94

✎ 해설 p.88

본 문제는 국토교통부에서 고시한 건설기준코드(구조설계기준 : KDS 14 00 00)에 부합하도록 출제하였으며, 이외 기준은 해당 문항에 별도 표기함

01 철근콘크리트구조의 토목 구조물의 설계 방법에 대한 설명으로 옳지 않은 것은?

① 허용응력설계법은 구조물을 안전하게 설계하기 위해 하중에 의해 부재에 유발된 응력이 허용응력을 초과하였는지를 검증한다.

② 강도설계법은 기본적으로 부재의 파괴상태 또는 파괴에 가까운 상태에 기초를 둔 설계법이다.

③ 한계상태설계법은 하중과 재료에 대하여 각각 하중계수와 재료계수를 사용하여 이들의 특성을 설계에 합리적으로 반영한다.

④ 설계법은 이론, 재료, 설계 및 시공 기술 등의 발전과 더불어 강도설계법 → 허용응력설계법 → 한계상태설계법 순서로 발전되었다.

02 하중저항계수설계법을 적용한 강구조 부재설계기준(KDS 14 31 10)에서 기술하고 있는 강도저항계수(ϕ)에 대한 설명으로 옳지 않은 것은?

① 인장재의 총단면의 항복에 대한 강도저항계수 $\phi_t = 0.9$

② 인장재의 유효순단면의 파단에 대한 강도저항계수 $\phi_t = 0.85$

③ 중심축 압축력을 받는 압축부재의 강도저항계수 $\phi_c = 0.9$

④ 비틀림이 발생하지 않은 휨부재의 강도저항계수 $\phi_b = 0.9$

03 휨모멘트와 축력을 받는 철근콘크리트 부재의 설계를 위한 일반 가정으로 옳지 않은 것은? (단, 인장철근의 설계기준항복강도 f_y는 400 MPa 이하이고, 현행 구조설계기준(KDS 14)을 따른다)

① 인장철근이 설계기준항복강도 f_y에 대응하는 변형률에 도달하고 동시에 압축연단 콘크리트가 가정된 극한변형률인 0.0033에 도달할 때, 그 단면이 균형변형률 상태에 있다고 본다.

② 압축연단 콘크리트가 가정된 극한변형률인 0.0033에 도달할 때 최외단 인장철근의 순인장변형률 ϵ_t가 압축지배변형률 한계 이하인 단면을 압축지배단면이라고 한다.

③ 휨부재의 강도를 증가시키기 위하여 추가 인장철근과 이에 대응하는 압축철근을 사용할 수 있다.

④ 압축연단 콘크리트가 가정된 극한변형률인 0.0033에 도달할 때 최외단 인장철근의 순인장변형률 ϵ_t가 0.004인 단면은 인장지배단면으로 분류된다.

04 프리스트레스드콘크리트에서 포스트텐션에 의한 프리스트레스를 도입할 때 발생 가능한 즉시 손실의 원인만을 모두 고르면?

> ㄱ. 정착장치의 활동
> ㄴ. 콘크리트 건조수축
> ㄷ. 콘크리트 크리프
> ㄹ. 콘크리트 탄성변형
> ㅁ. PS강재의 릴렉세이션
> ㅂ. PS강재와 쉬스 사이의 마찰

① ㄱ, ㄷ, ㅁ　　　　　② ㄱ, ㄹ, ㅂ

③ ㄴ, ㄷ, ㅁ　　　　　④ ㄴ, ㄷ, ㅂ

05 단철근 직사각형보에서 콘크리트의 설계기준압축강도 f_{ck} = 25 MPa, 철근의 설계기준항복강도 f_y = 440 MPa, 철근의 탄성계수 E_s = 200 GPa, 단면의 유효깊이 d = 450 mm일 때 균형단면이 되기 위한 압축연단으로부터 중립축까지의 거리 c[mm]는? (단, 현행 구조설계기준(KDS)을 적용한다)

① 200 ② 250
③ 270 ④ 300

06 프리스트레스트콘크리트 휨부재는 미리 압축을 가한 인장구역에서 사용하중에 의한 인장연단응력 f_t 에 따라 균열등급을 구분한다. 비균열등급에 속하는 인장연단응력 f_t [MPa]는? (단, f_{ck} 는 콘크리트 설계기준압축강도이며, 현행 구조기준(KDS)을 적용한다)

① $f_t \le 0.63\sqrt{f_{ck}}$

② $0.63\sqrt{f_{ck}} < f_t \le 1.0\sqrt{f_{ck}}$

③ $f_t > 1.0\sqrt{f_{ck}}$

④ $f_t > 1.15\sqrt{f_{ck}}$

07 철근의 정착 및 이음에 대한 설명으로 옳은 것은? (단, l_{db} 는 정착 길이, d_b 는 철근의 직경, f_{ck} 는 콘크리트의 설계기준압축강도, f_y 는 철근의 설계기준항복강도, 현행 구조설계기준(KDS)을 적용한다)

① 보통중량콘크리트에서 인장을 받는 이형철근의 기본 정착길이는 $l_{db} = \dfrac{0.25\, d_b f_y}{\sqrt{f_{ck}}} \ge 300\,\text{mm}$이다.

② 3개의 철근으로 구성된 다발철근의 정착길이는 개개 철근의 정착길이보다 33 % 증가시켜야 한다.

③ D35를 초과하는 철근끼리는 인장부에서 겹침이음을 할 수 없다.

④ 갈고리에 의한 정착은 압축철근의 정착에 유효하다.

08 연속보 또는 1방향 슬래브는 구조해석을 정확하게 하는 대신 구조기준(KDS)에 따라 근사해법을 적용하여 약산할 수 있다. 근사해법을 적용하기 위한 조건으로 옳지 않은 것은?

① 부재의 단면이 일정하고, 2경간 이상인 경우
② 인접 2경간의 차이가 짧은 경간의 30 % 이하인 경우
③ 등분포 하중이 작용하는 경우
④ 활하중이 고정하중의 3배를 초과하지 않는 경우

09 그림과 같이 단순지지인 조건에서 비지지길이가 l_u 인 강재 기둥의 탄성 좌굴하중은? (단, E는 탄성계수, I는 단면2차모멘트이다)

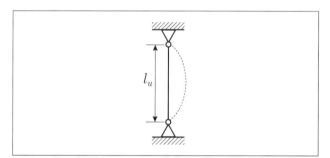

① $\dfrac{0.25\pi^2 EI}{(l_u)^2}$ ② $\dfrac{\pi^2 EI}{(l_u)^2}$

③ $\dfrac{2\pi^2 EI}{(l_u)^2}$ ④ $\dfrac{4\pi^2 EI}{(l_u)^2}$

10 한 변의 길이가 400 mm인 정사각형 단면을 가진 철근콘크리트 기둥에 편심이 없는 단기하중이 축방향으로 작용하고 있다. 축방향 철근의 단면적 A_{st} = 2,500 mm², 철근의 탄성계수 E_s = 200 GPa, 콘크리트의 탄성계수 E_c = 25 GPa일 때 철근이 받는 응력이 160 MPa이라면 콘크리트가 받는 응력[MPa]은? (단, 콘크리트의 설계기준압축강도 f_{ck} = 40 MPa이며, 철근과 콘크리트 모두 탄성 범위 이내에서 거동한다)

① 10 ② 15
③ 20 ④ 25

11 전단철근이 부담해야 할 전단력 $V_s = 600$ kN일 때, 전단철근(수직스터럽)의 간격 s를 200 mm로 하면 직사각형 단면에서 필요한 최소 유효깊이 d [mm]는? (단, 보통중량콘크리트이며 $f_{ck} = 36$ MPa, $f_y = 400$ MPa, $b = 400$ mm, 전단철근의 면적 $A_v = 500$ mm²이고, 현행 구조설계기준(KDS)을 따른다. 또한, 전단철근 최대간격 기준을 만족한다)

① 550   ② 600
③ 650   ④ 700

12 복철근 콘크리트보의 탄성처짐이 8 mm일 경우, 5년 이상의 지속 하중에 의해 유발되는 추가 장기처짐량[mm]은? (단, 보의 압축 철근비는 0.02이며, 현행 구조설계기준(KDS)을 적용한다)

① 2.5   ② 4.0
③ 8.0   ④ 10.0

13 그림과 같이 높이(h)가 900 mm이고, 길이(L)가 20 m인 PSC 단순보에서, 긴장력(P) 5,000 kN을 작용시켰을 때, 긴장력에 의한 등가등분포 상향력 u [kN/m]는? (단, 중앙부 편심(e) 400 mm, 양 단부 편심(e) 0 mm로 2차 포물선으로 긴장재가 배치되어 있으며, 자중 및 긴장력 손실은 무시한다)

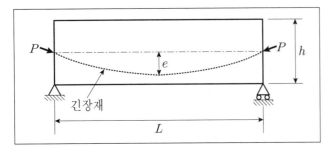

① 40   ② 48
③ 52   ④ 56

14 철근콘크리트 구조물에서 설계 균열폭을 감소시킬 수 있는 방법으로 옳지 않은 것은?

① 원형철근 대신 이형철근을 사용한다.
② 동일한 철근비에 대해 지름이 작은 철근을 사용한다.
③ 동일한 철근 지름에 대해 철근비를 크게 한다.
④ 철근의 순피복 두께를 크게 한다.

15 그림과 같은 지간 L = 10 m의 단순보에 자중을 포함한 등분포 계수하중 $w_u = 60$ kN/m가 작용하는 경우, 전단 위험단면에서 전단철근이 부담해야 할 공칭전단강도 V_s [kN]는? (단, 보통중량 콘크리트로서 $f_{ck} = 25$ MPa이며, 현행 구조설계기준(KDS)을 적용한다)

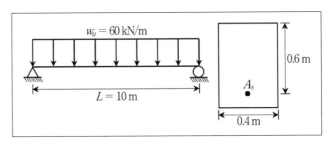

① 114   ② 135
③ 152   ④ 186

16 그림과 같은 T형보를 직사각형보로 해석할 수 있는 최대 철근량 As[mm²]는? (단, $f_{ck} = 20$ MPa, $f_y = 400$ MPa 이며 현행 구조설계기준(KDS)을 적용한다)

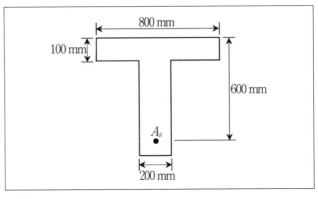

① 1,700   ② 2,100
③ 2,800   ④ 3,400

17 그림과 같이 기초에 편심하중이 작용할 때 기초 저면에 생기는 응력 분포 형상은? (단, 단위폭으로 고려하고, $e = 100\,\text{mm}$, 지반 조건은 균일하며, 자중은 무시한다)

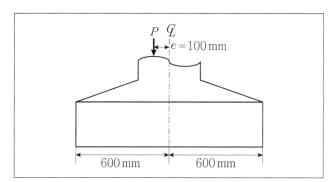

①

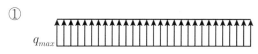

②

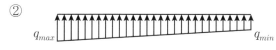

③

④

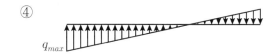

18 휨부재에서 $f_{ck} = 25\,\text{MPa}$, $f_y = 400\,\text{MPa}$일 때 인장 이형철근(D25)의 겹침이음 길이[mm]는? (단, 현행 구조설계기준(KDS 14)을 따르며, $\lambda = 1.0$, $d_b = 25\,\text{mm}$, B급이음으로 한다)

① 1,200
② 1,400
③ 1,560
④ 1,820

19 그림과 같은 필릿용접부의 전단응력[MPa]은?(단, 용접기호 표시에서 필릿용접의 유효길이가 250 mm인 것으로 고려한다.)

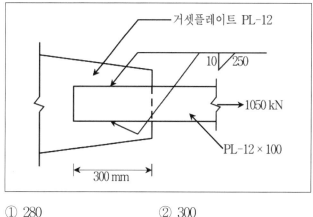

① 280
② 300
③ 330
④ 350

20 다음 설명은 교량설계기준(한계상태설계법)에서 규정 하는 어떤 한계상태에 대한 것인가? (단, 교량설계기준의 교량설계일반(한계상태설계법, KDS 24 10 11 : 2021)을 따른다)

> 교량의 설계수명 이내에 발생할 것으로 기대되는, 통계적으로 중요하다고 규정한 하중조합에 대하여 국부적 / 전체적 강도와 안정성을 확보하는 것으로 규정한다.

① 극한한계상태
② 사용한계상태
③ 피로와 파단한계상태
④ 극단상황한계상태

본 문제는 국토교통부에서 고시한 건설기준코드(구조설계기준 : KDS 14 00 00)에 부합하도록 출제하였으며, 이외 기준은 해당 문항에 별도 표기함

01 프리스트레스트 콘크리트 구조물(PSC)과 철근콘크리트 구조물(RC)에 대한 설명으로 옳지 않은 것은?

① PSC 부재는 긴장에 따른 솟음 때문에 고정하중에 의한 처짐이 RC 부재에 비하여 작게 발생한다.

② PSC는 RC에 비하여 강성이 크므로 변형이 작고, 진동이 적게 발생한다.

③ PSC는 균열이 발생하지 않도록 설계하는 경우도 있기 때문에 내구성 및 수밀성이 RC에 비하여 좋다.

④ 고강도 강재는 고온에 노출되면 갑자기 강도가 감소하므로 PSC는 RC에 비하여 내화성에 있어서는 불리하다.

02 콘크리트 구조물의 부재, 부재 간의 연결부 및 각 부재 단면에 대한 설계강도는 콘크리트설계기준의 규정과 가정에 따라 정하여야 한다. 설계기준의 강도설계법에 따른 강도감소계수($\varnothing$)로 옳지 않은 것은? (단, 현행 구조설계기준(KDS 14)을 적용한다)

① 인장지배단면은 0.85를 적용한다.

② 전단력과 비틀림모멘트는 0.75를 적용한다.

③ 포스트텐션 정착구역은 0.85를 적용한다.

④ 무근콘크리트의 휨모멘트, 압축력, 전단력은 0.65를 적용한다.

03 철근의 공칭지름 d_b = 10 mm일 때, 인장 이형철근의 최소 표준갈고리 수평 정착길이[mm]는? (단, 도막되지 않은 이형철근을 사용하고, 철근의 설계기준항복강도 f_y = 400 MPa, 보통중량콘크리트의 설계기준압축강도 f_{ck} = 25 MPa이며, 현행 구조설계기준(KDS 14)을 적용한다)

① 150   ② 168

③ 196   ④ 200

04 압축부재의 설계제한사항에 대한 설명으로 옳지 않은 것은? (단, 현행 구조설계기준(KDS 14)을 적용한다)

① 콘크리트 벽체나 교각구조와 일체로 시공되는 나선철근 또는 띠철근 압축부재 유효단면 한계는 나선철근이나 띠철근 외측에서 40 mm보다 크지 않게 취하여야 한다.

② 정사각형, 8각형 또는 다른 형상의 단면을 가진 압축부재 설계에서 전체 단면적을 사용하는 대신에 실제 형상의 최소 치수에 해당하는 지름을 가진 원형 단면을 사용할 수 있다.

③ 하중에 의해 요구되는 단면보다 큰 단면으로 설계된 압축부재의 경우 감소된 유효단면적을 사용하여 최소 철근량과 설계강도를 결정할 수 있다.

④ 압축부재의 축방향 주철근의 최소 개수는 사각형이나 원형 띠철근으로 둘러싸인 경우 6개로 하여야 한다.

05 보통콘크리트의 설계기준강도가 f_{ck} = 23 MPa일 때, 철근과 콘크리트의 탄성계수비는? (단, 콘크리트의 단위질량 m_c = 2,300 kg/m³, 철근의 탄성계수 $E_s = 2 \times 10^5$ MPa이며 유효숫자 2자리로 계산하고, 현행 구조설계기준(KDS)을 적용한다)

① 7.8   ② 8.0

③ 8.3   ④ 8.8

06 그림과 같이 직사각형의 단근보 배근에서 단면에 5개의 D22인 인장철근이 배치되어 있을 때, 단면의 유효깊이 [mm]는?

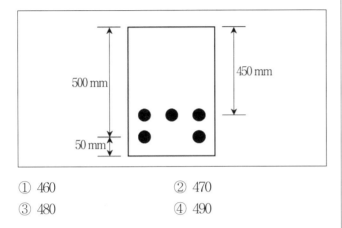

① 460
② 470
③ 480
④ 490

---

07 슬래브의 설계방법에 대한 설명으로 옳지 않은 것은?

① 네변에 의해 지지되는 2방향 슬래브 중에서 단변에 대한 장변의 비가 2배 이하인 경우에 1방향 슬래브로 해석한다.

② 2방향 슬래브는 직접설계법 또는 등가골조법에 의해 설계할수 있다.

③ 1방향 슬래브는 슬래브의 지간방향으로 주철근을 배치한다.

④ 1방향 슬래브의 부모멘트 철근에는 직각방향으로 수축·온도 철근을 배치하여야 한다.

---

08 콘크리트의 설계기준압축강도 f_{ck} = 24 MPa에 대한 배합강도[MPa]는? (단, 표준편차는 2.0 MPa이며, 시험횟수는 30회 이상이다)

① 25.16
② 26.16
③ 26.68
④ 27.68

---

09 그림과 같이 계수축방향 하중 Pu가 편심 없이 작용하는 독립확대기초에서 2방향 전단력은 1방향 전단력의 몇 배인가? (단, 확대기초 주철근의 유효깊이는 1 m이다)

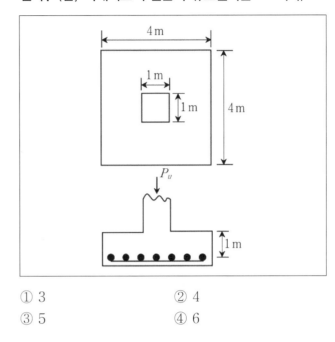

① 3
② 4
③ 5
④ 6

---

10 프리스트레스의 손실에 대한 설명으로 옳지 않은 것은?

① 프리스트레스 도입 시 콘크리트의 탄성수축으로 인해 프리스트레스의 손실이 발생된다.

② 프리스트레스 도입 후 시간이 지남에 따라 콘크리트의 건조 수축, 크리프, PS강재의 릴렉세이션으로 인해 프리스트레스의 손실이 발생된다.

③ 포스트텐션 방식에서는 긴장재와 쉬스 사이의 마찰에 의한 손실을 고려하고 있다.

④ 프리텐션 방식에서는 프리스트레스 도입시에 정착장치의 활동에 의한 손실을 고려하고 있다.

11 철근의 이음에 대한 설명으로 옳지 않은 것은?

① 배치된 철근량이 이음부 전체 구간에서 해석결과 요구되는 소요철근량의 2배 이상이고 소요 겹침이음길이 내 겹침이음된 철근량이 전체 철근량의 1/2 이하인 경우가 A급 이음이다.

② 휨부재에서 서로 직접 접촉되지 않게 겹침이음된 철근은 횡방향으로 소요 겹침이음길이의 1/5 또는 150 mm 중 작은 값 이상 떨어지지 않아야 한다.

③ D35를 초과하는 철근끼리도 겹침이음을 할 수 있다.

④ 기계적이음은 철근의 설계기준항복강도 f_y의 125 % 이상을 발휘할 수 있어야 한다.

12 보통중량콘크리트를 사용한 1방향 단순지지 슬래브의 최소 두께는? (단, 처짐을 계산하지 않는다고 가정하며, 부재의 길이는 l, 인장 철근의 설계기준항복강도 $f_y = 350$ MPa, 현행 구조설계기준(KDS 14)을 적용한다)

① $\dfrac{l}{13.5}$ 와 150 mm 중 작은 값

② $\dfrac{l}{13.5}$ 와 150 mm 중 큰 값

③ $\dfrac{l}{21.5}$ 와 100 mm 중 작은 값

④ $\dfrac{l}{21.5}$ 와 100 mm 중 큰 값

13 한계상태설계법에 따른 강구조 이음부의 설계세칙으로 옳지 않은 것은?

① 응력을 전달하는 단속모살용접이음부의 길이는 모살 사이즈의 5배 이상 또한 30 mm 이상을 원칙으로 한다.

② 응력을 전달하는 겹침이음은 2열 이상의 모살용접을 원칙으로 하고, 겹침길이는 얇은쪽 판두께의 5배 이상 또한 25 mm 이상 겹치게 해야 한다.

③ 고력볼트의 구멍중심간의 거리는 공칭직경의 2.5배 이상으로 한다.

④ 고력볼트의 구멍중심에서 볼트머리 또는 너트가 접하는 재의 연단까지의 최대거리는 판두께의 12배 이하 또한 150 mm 이하로 한다.

14 폭 400 mm, 유효깊이 600 mm인 직사각형 단면을 갖는 철근콘크리트 보를 설계할 때, 부재축에 직각으로 배치되는 전단철근의 최대 간격[mm]은? (단, 현행 구조설계기준(KDS 14)을 적용한다)

① 200   ② 300
③ 400   ④ 600

15 반 T형보의 플랜지 유효폭을 결정하는데 고려사항이 아닌 것은? (단, t_f는 플랜지의 두께, b_w는 복부의 폭이며, 현행 구조설계기준(KDS 14)을 적용한다)

① $6t_f + b_w$

② 양쪽 슬래브의 중심간 거리

③ (보의 경간의 1/12) $+ b_w$

④ (인접한 보와의 내측 거리의 1/2) $+ b_w$

16 그림과 같은 길이 L = 10 m인 단순보에 e = 0.3 m만큼 편심된 프리스트레스 힘 P = 6,000 kN이 작용하고 있다. 등분포하중 w = 30 kN/m가 작용할 때 보 지간 중앙단면에서의 하연응력(MPa)은? (단, 보단면 크기는 폭 b = 600 mm, 높이 h = 1,000 mm이고, 보의 자중은 등분포하중에 포함되었고, 깊은 보의 비선형 변형률 분포는 고려하지 않는다)

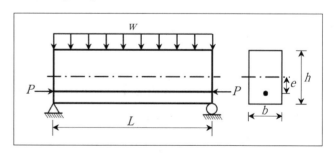

① 30.25   ② 34.0
③ 37.75   ④ 42.25

17 그림과 같은 단철근 T형 단면보 설계에 대한 설명으로 옳은 것은?(단, 플랜지의 유효폭 b = 1,200 mm, 플랜지의 두께 t_f = 80 mm, 유효깊이 d = 600 mm, 복부 폭 b_w = 400 mm, 인장철근 단면적 As = 3,000 mm², 인장철근의 설계기준항복강도 f_y = 400 MPa, 콘크리트의 설계기준압축강도 f_{ck} = 20 MPa이며, 현행 구조설계기준(KDS 14)을 적용한다)

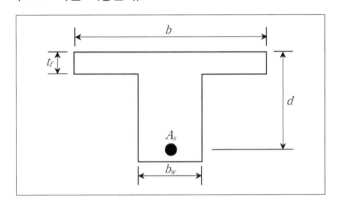

① b = 1,200 mm를 폭으로 하는 직사각형 단면보로 설계한다.
② b_w = 400 mm를 폭으로 하는 직사각형 단면보로 설계한다.
③ t_f = 80 mm를 등가직사각형 응력블록으로 하는 직사각형 단면보로 설계한다.
④ T형 단면보로 설계한다.

18 그림과 같은 옹벽에서 활동안전율 2.0을 만족시키기 위한 무근콘크리트 옹벽의 최대높이 H [m]는? (단, 콘크리트의 단위중량은 24 kN/m³, 흙의 단위중량은 20kN/m³, 주동토압계수 Ka = 0.4, 옹벽 저판과 흙 사이의 마찰계수는 0.5이다)

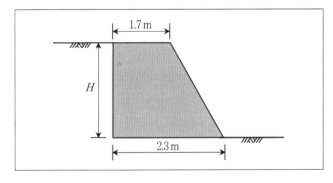

① 2.0
② 2.5
③ 3.0
④ 3.5

19 하중저항계수설계법에 의하여 그림과 같은 필릿용접부의 설계 강도[kN]는? (단, 항복강도 F_y = 355 MPa 이다)

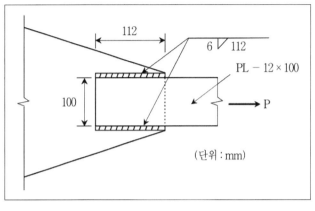

① 120.2
② 132.4
③ 146.0
④ 161.0

20 강구조에서 사용하는 용어에 대한 설명으로 옳지 않은 것은?

① 끼움재 : 부재의 두께를 늘리기 위해 사용되는 판재(filler)
② 뒤틀림 : 비틀림 하중에 의하여 보의 투영된 단면형상이 유지되면서 축방향으로 발생하는 변위모드(warping)
③ 스티프너 : 하중을 분배하거나, 전단력을 전달하거나, 좌굴을 방지하기 위해 부재에 부착하는 구조요소
④ 비콤팩트단면 : 완전소성 응력분포가 발생할 수 있고, 국부 좌굴이 발생하기 전에 약 3의 곡률연성비를 발휘할 수 있는 능력을 지닌 단면

본 문제는 국토교통부에서 고시한 건설기준코드(구조설계기준 : KDS 14 00 00)에 부합하도록 출제하였으며, 이외 기준은 해당 문항에 별도 표기함

01 강도설계법에서 콘크리트 등가직사각형 응력블록의 깊이는 $a = \beta_1 c$로 정의된다. 콘크리트 설계기준강도가 $f_{ck} = 40$ MPa일 때, β_1은? (단, c는 콘크리트 압축연단으로부터 중립축까지 거리이다)

① 0.74
② 0.78
③ 0.80
④ 0.85

02 철근콘크리트 구조 부재의 파괴 유형들에 대한 설명으로 가장 적절하지 않은 것은?

① 연성파괴는 인장철근량이 많아 철근이 항복하지 않을 때 일어나는 파괴 유형이다.
② 연성파괴는 철근콘크리트 보의 바람직한 파괴유형이다.
③ 취성파괴는 인장철근이 항복하기 전에 콘크리트의 압축변형률이 극한변형률에 먼저 도달하여 일어난다.
④ 취성파괴는 콘크리트의 압축파괴가 먼저 시작되어 갑자기 파괴된다.

03 보통골재를 사용한 콘크리트의 설계기준 강도가 $f_{ck} = 23$ MPa일 때, 콘크리트의 할선 탄성계수 E_c[MPa]는?

① 2.35×10^4
② 2.45×10^4
③ 2.55×10^4
④ 2.65×10^4

04 철근과 콘크리트의 부착성능에 영향을 주는 요인에 대한 설명으로 옳지 않은 것은?

① 이형철근이 원형철근보다 부착강도가 크다.
② 콘크리트의 압축강도가 커지면 부착강도가 커진다.
③ 블리딩의 영향으로 수직철근이 수평철근보다 부착에 유리하고, 수평철근이라도 하부철근이 상부철근보다 부착에 유리하다.
④ 동일한 철근량을 사용할 경우 지름이 작은 철근보다 지름이 큰 철근을 사용하는 것이 부착에 유리하다.

05 다음 그림과 같은 T형보에서 인장철근의 단면적이 $A_s = 5{,}100$ mm²일 때, 등가직사각형 응력블록의 깊이 a [mm]는? (단, 콘크리트 설계기준강도 $f_{ck} = 20$MPa, 철근의 항복강도 $f_{ck} = 400$ MPa이다)

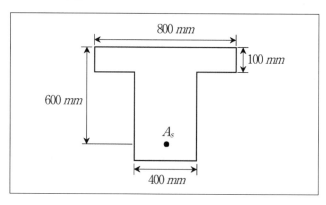

① 100
② 150
③ 200
④ 250

06 구조설계기준에 따라 콘크리트 평가를 하기 위해 각 날짜에 친 각 등급 콘크리트의 강도시험용 시료의 최소 채취 기준으로 옳지 않은 것은? (단, 콘크리트를 치는 전체량은 각 답 항에 대하여 채취를 할 수 있는 양이다)

① 하루에 1회 이상
② 200 m³당 1회 이상
③ 슬래브나 벽체의 표면적 500 m²마다 1회 이상
④ 배합이 변경될 때마다 1회 이상

07 다음 그림과 같은 띠철근 기둥의 공칭축하중강도 P_n[kN]는? (단, 단주이며 압축철근의 총단면적 $A_{st} = 10,000 \text{ mm}^2$, 콘크리트 설계기준강도 $f_{ck} = 20 \text{ MPa}$, 철근의 항복강도 $f_y = 400 \text{ MPa}$이다.)

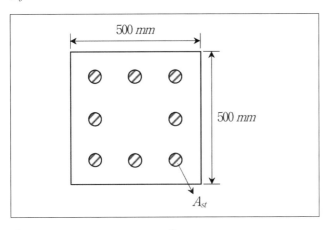

① 6,464
② 7,272
③ 8,080
④ 8,686

08 보의 경간이 10 m이고, 플랜지 두께 $t_f = 100$ mm인 그림과 같은 대칭 T형보에서 플랜지의 유효폭[mm]은?

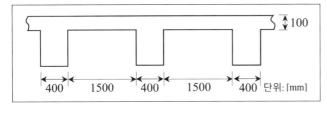

① 1,800
② 1,900
③ 2,000
④ 2,500

09 다음 그림과 같은 정방형 독립확대기초 저면에 작용하는 지압력이 $q_u = 120 \text{ kN/m}^2$일 때, 위험단면에서의 소요휨모멘트 M_u [kN · m]는?

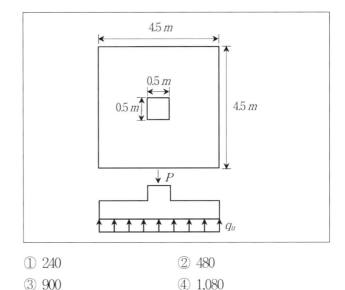

① 240
② 480
③ 900
④ 1,080

10 단철근 직사각형 보에서 지속하중에 의한 탄성처짐이 10 mm 발생하였을 때, 7년 후 지속하중에 의한 추가 장기처짐 [mm]은? (단, 이 보의 압축철근은 배근되어 있지 않다)

① 10
② 15
③ 20
④ 30

11 다음 그림과 같이 지름이 d = 40 mm인 원형단면의 캔틸레버 기둥이 축하중을 받을 때, 유효좌굴길이계수 k를 고려한 유효세장비 λ_e는?

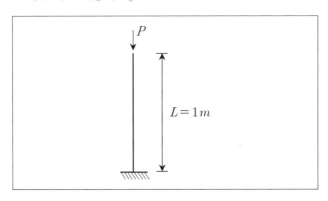

① 25
② 50
③ 75
④ 100

12 한계상태설계법(KDS)에 의한 강구조 구조설계에 대한 설명으로 옳지 않은 것은?

① 휨재 설계에서 보에 작용하는 모멘트의 분포형태를 반영하기 위해 횡좌굴모멘트수정계수(C_b)를 적용한다.

② 접합부 설계에서 블록전단파단의 경우 한계상태에 대한 설계강도는 전단저항과 압축저항의 합으로 산정한다.

③ 압축재 설계에서 탄성좌굴영역과 비탄성좌굴영역으로 구분하여 휨좌굴에 대한 압축강도를 산정한다.

④ 용접부 설계강도는 모재강도와 용접재강도 중 작은 값으로 한다.

13 철근콘크리트 부재에 비틀림 보강을 위하여 배근하는 비틀림철근의 상세에 대한 설명 중 옳지 않은 것은?

① 비틀림철근은 종방향 철근 또는 종방향 긴장재와 부재축에 수직인 폐쇄스터럽 또는 폐쇄띠철근으로 구성하여야 한다.

② 횡방향 비틀림철근은 종방향 철근 주위로 90° 표준갈고리에 의하여 정착하여야 한다.

③ 종방향 비틀림철근은 양단에 정착하여야 한다.

④ 철근콘크리트보에서 비틀림철근은 종방향 철근과 횡방향 나선철근으로 구성할 수 있다.

14 프리스트레스드콘크리트 직사각형 보(폭 b = 500 mm, 높이 h = 600 mm)의 도심에 PS강재가 배치되어 있고, 프리텐션 방식으로 초기에 긴장력 P_i = 1,000 kN의 힘을 가하였다. 단순지지된 콘크리트보 지간 중앙의 하단에 응력이 생기지 않는다면, 이때 외부하중에 의한 지간 중앙의 휨모멘트 M [kN · m]은? (단, 보의 자중은 고려하지 않는다)

① 48 　　　② 60
③ 80 　　　④ 100

15 프리스트레스트 콘크리트 부재에서 프리스트레스 도입 후에 발생하는 시간적 손실의 원인에 해당하는 것은?

① 콘크리트의 크리프
② 정착장치의 활동
③ 콘크리트의 탄성수축
④ 포스트텐션 긴장재와 덕트 사이의 마찰

16 다음 그림과 같이 강판을 리벳(rivet)으로 이음할 경우, 필요한 리벳의 개수 n은? (단, 판 두께 t_1 = 8 mm, t_2 = 20 mm, t_3 = 8 mm 리벳지름 20 mm, 허용전단응력 v_a = 100 MPa, 허용지압응력 f_{ba} = 150 MPa이다)

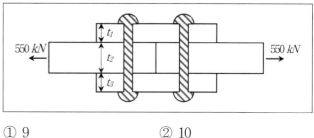

① 9 　　　② 10
③ 11 　　　④ 12

17 그림과 같이 강재를 사용한 인장부재의 볼트 연결부가 있다. 예상되는 파단선이 A−B일 때 순단면적(A_n)은? (단, 인장재의 판두께는 t이고 볼트 구멍지름은 d이며, A_g는 총단면적이다)

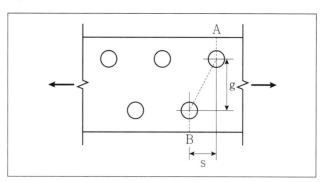

① $A_g - 2 \cdot d \cdot t$

② $A_g - 2 \cdot d \cdot t + \dfrac{s^2}{4g} \cdot t$

③ $A_g - d \cdot t$

④ $A_g - d \cdot t + \dfrac{g^2}{4s} \cdot t$

18 다음 그림과 같은 직사각형 단면의 철근콘크리트 보가 전단력과 휨 모멘트만을 받을 때, 이 보의 콘크리트가 부담할 수 있는 공칭전단강도 V_c[kN]는? (단, 보통골재를 사용한 콘크리트 설계기준강도 f_{ck} = 25 MPa이다)

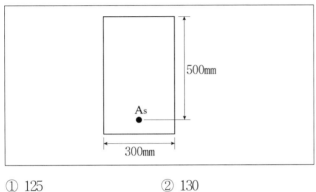

① 125　　　　　② 130

③ 150　　　　　④ 175

19 그림과 같이 연직하중 Q가 중심축에서 편심 e인 점 A에 작용하는 철근콘크리트 확대기초가 있다. 지반의 허용지지력(q_a)이 60 kN/m²일 때, 허용할 수 있는 최대 하중(Q_{max})[kN]은?

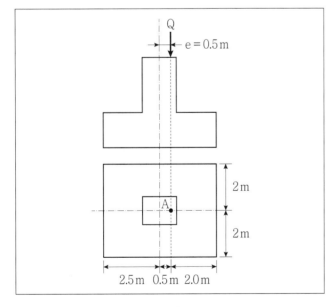

① 550　　　　　② 625

③ 750　　　　　④ 825

20 그림과 같은 프리스트레스트 콘크리트 보에서 긴장재를 포물선으로 배치하고 프리스트레스 힘 P = 1,500 kN일 때, 프리스트레스에 의한 등가 등분포 상향력 u[kN/m]는? (단, 보 지간의 중앙에서 중심축과 포물선의 편심거리 e = 400 mm이다)

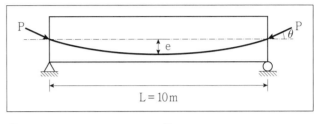

① 32　　　　　② 38

③ 42　　　　　④ 48

공무원 토목직

실전◎동형 모의고사

공무원 토목직

실전◎동형 모의고사

정답 및
해설

01 출제영역 >> 응력과 변형　　　　　난이도 하　정답 ④

탄성재료의 거동 개념을 묻는 문제로, 선택지 중 옳지 않은 내용은 "④ 포아송비는 축하중이 작용하는 부재의 횡방향 변형률(ε_h)에 대한 축방향 변형률(ε_v)의 비($\varepsilon_v/\varepsilon_h$)이다."이고, 옳게 고치면 "포아송비는 $\varepsilon_h/\varepsilon_v$ 이다.

02 출제영역 >> 힘과 모멘트　　　　　난이도 중　정답 ②

힘의 평형에서 경사진 힘의 평형 관계를 묻는 문제로, 각각의 장력을 계산하면 다음과 같다.

$$T_a = \frac{W}{2} = 0.5\,W$$

$$T_b = \frac{W}{2} \times \frac{1}{\cos 60^\circ} = 1.0\,W$$

$$T_c = \frac{W}{2} \times \frac{1}{\cos 45^\circ} = 0.707\,W$$

따라서, 정답은 선택지의 "② $T_a < T_c < T_b$"이다.

03 출제영역 >> 단면의 성질　　　　　난이도 하　정답 ②

도심거리를 구하는 문제로, 면적 대신 면적비(600 : 200 = 6 : 2)를 사용하여 계산하면 편리하다.

$$y_0 = \frac{(6 \times 10) - (2 \times 5)}{6 - 2} = \frac{50}{4} = 12.5\,(mm)\ \text{이다.}$$

따라서, 정답은 선택지의 "② 12.5"이다.

04 출제영역 >> 단면의 성질　　　　　난이도 중　정답 ①

단면2차모멘트(I)의 크기를 묻는 문제로, 단면적이 동일할 때 I값은 삼각형 > 사각형 > 오각형 > 육각형 > 팔각형 > 원형의 순서로 삼각형이 가장 크고 원이 가장 작다. 또한, I값은 높이(h)의 3승에 비례하므로, 사각형 단면에서는 높이(h)가 더 큰 직사각형이 I값이 더 크게 된다.
따라서, 정답은 선택지의 "① (가) > (나) > (다)"이다.

05 출제영역 >> 정정구조물 해석　　　　난이도 중　정답 ③

단순보의 부재력(최대휨모멘트)을 구하는 문제로,

1) 중앙에 힘 P가 작용할 때: $M_c = \dfrac{PL}{4}$

2) 등분포하중 w가 작용할 때: $M_c = \dfrac{wL^2}{8}$

위 1)과 2)가 같으므로, $\dfrac{PL}{4} = \dfrac{wL^2}{8}$　　∴ $w = \dfrac{2P}{L}$

따라서, 정답은 선택지의 "③ 2P/L"이다.

06 출제영역 >> 정정구조물 해석　　　　난이도 중상　정답 ②

게르버보를 해석하는 문제로 우측 B−C−D 내민보 부분을 먼저 해석하고, $\sum M_B = 0$ 을 취하면 C점 반력을 구한다.
$\sum M_B = 0,\ 8 + 8 \times 5 - V_C \times 4 = 0,\ \therefore\ V_C = 12$
따라서, 정답은 선택지의 "② 12"이다.

07 출제영역 >> 정정구조물 해석　　　　난이도 중　정답 ③

단순보이므로 양지점의 모멘트는 "0"이 되고, 전단력은 휨모멘트의 기울기이므로, 전단력이 양(+)인 부분은 기울기가 양(+)이 되고, 기울기의 크기는 전단력의 값(크기)이므로 상대적으로 기울기를 비교할 수 있다. 이렇게 휨모멘트도를 작성하면, 선택지의 "③"이다.

08 출제영역 >> 응력과 변형　　　　　난이도 중　정답 ④

탄성계수(E)와 전단탄성계수(G) 및 포아송 비의 관계를 묻는 문제로, 이들의 관계식은 $G = \dfrac{E}{2(1+\nu)}$ 이다.
포아송비가 0~0.5인 구간에서, 전단탄성계수(G)는 탄성계수(E)의 1/2~1/2.5가 되고, 포아송비에는 반비례한다.
따라서, 정답은 선택지의 "④ 탄성계수 E보다 작고, 포아송비 ν가 커짐에 따라 감소한다."이다.

09 출제영역 >> 정정구조물 해석　　　　난이도 중　정답 ③

전단력도를 주고 최대휨모멘트를 구하는 문제로, 하중 − 전단력 − 휨모멘트 관계에 따라, 전단력도에서 "0"을 지나는 점이 최대 휨모멘트 점이 되고, 그 값은 전단력선도의 좌측지점부터 그 점까지의 면적(적분)이 된다. 따라서 최대휨모멘트는 B점에서 생기고, 그 크기는 전단력도의 A~B 사이의 면적이 된다. 그 값은 □의 면적 16+△의 면적 32=48이며, 정답은 선택지의 "③ 48"이다.

10 출제영역 >> 기둥　　　　　　　　난이도 중　정답 ④

길이와 지지조건이 다른 두 기둥의 오일러 좌굴하중(P_{cr})을 비교하는 문제로, 기둥 (가)는 단순지지이므로 좌굴하중은 다음과 같다.

$$P_{cr} = \frac{\pi^2 EI}{(1 \times 5)^2} = 160,\quad \therefore \pi^2 EI = 160 \times 5^2 = 4,000$$

기둥 (나)는 양단고정이므로 좌굴하중은 다음과 같다.

$$P_{cr(\text{나})} = \frac{\pi^2 EI}{(0.5 \times 4)^2} = \frac{4000}{4} = 1,000$$

따라서, 정답은 선택지의 "④ 1000"이다.

11 출제영역 >> 응력과 변형　　　　　　　　난이도 중　　정답 ②

이축응력을 받는 미소요소의 최대전단응력을 묻는 문제로,

$$\tau_{\max} = \sqrt{(\frac{\sigma_x - \sigma_y}{2})^2 + \tau_{xy}^2}$$ 가 된다.

값을 대입하여 계산하면, 결과는 선택지의 "② 20 MPa"이다.

12 출제영역 >> 기둥　　　　　　　　　　　난이도 중　　정답 ③

단주의 축력과 모멘트를 고려한 조합응력에 대한 문제이며, 축하중과 양쪽 방향 편심을 고려한 휨응력에 대하여 조합응력을 구하면,

$$\sigma = \frac{P}{A} \mp \frac{M_x}{S_x} \mp \frac{M_y}{S_y} = \frac{200}{400} - (\frac{20 \times 10}{\frac{20^3}{6}}) \times 2 = 2.5$$

따라서, 정답은 선택지의 "③ 2.5"이다.

13 출제영역 >> 보의 처짐　　　　　　　　　난이도 상　　정답 ②

캔틸레버보 처짐을 구하는 문제로

1) 집중하중에 의한 A점의 처짐은 $\delta_1 = \frac{P(2L)^3}{3EI}$ 이고,

2) 모멘트하중으로 인한 A점의 처짐은

$$\delta_2 = \frac{M(L)^2}{2EI} + \theta_B L = \frac{8PL^3}{2EI} + \frac{(PL)L}{EI} \times L = \frac{3PL^2}{2EI}$$

3) 처짐의 합은 두 처짐이 서로 반대방향이므로 빼면

$$\delta_A = \delta_1 - \delta_2 = \frac{8PL^3}{3EI} - \frac{3PL^3}{2EI} = \frac{7PL^3}{6EI}$$

따라서, 정답은 선택지의 "②"이다.

14 출제영역 >> 응력과 변형　　　　　　　　난이도 중상　　정답 ③

축부재의 변형에너지를 구하는 문제로 변형에너지는 다음 식과 같다

$$U = \frac{1}{2}P\delta$$

$$= \frac{P^2 L}{2EA} = \frac{4 \times 10^8 \times 1000}{2 \times 2 \times 10^5 \times (300)} + \frac{4 \times 10^8 \times 800}{2 \times 2 \times 10^5 \times (75)}$$

$$= 14,000$$ 이다.

따라서, 정답은 선택지의 "③ 14,000"이다.

15 출제영역 >> 트러스　　　　　　　　　　난이도 중　　정답 ④

트러스의 부재력을 구하는 문제로, 반력을 구해서 절단법 적용한다.
$\Sigma M_F = V_A \times 20 + 30 \times 6 - 30 \times 6 = 0, \therefore V_A = 0$
부재 B와 C의 우측으로 절단하여 좌측구조체에서 $\Sigma M_E = 0$
$\Sigma M_E = 30 \times 6 + N_{BD} \times 6 = 0, \therefore N_{BD} = -30(압축)$
따라서, 정답은 선택지의 "④ 30(압축)"이다.

16 출제영역 >> 정정구조물 해석　　　　　　난이도 중　　정답 ③

경사지지점을 가진 단순보의 해석문제로, B지점의 수직반력을 먼저 구하고 삼각함수를 이용하여 다음과 같이 구한다.
$\Sigma M_A = 10 \times 2 - R_{BY} \times 5 = 0, \therefore R_{BY} = 4$

$$R_B = \frac{R_{BY}}{\cos 60°} = \frac{4}{1/2} = 8$$

따라서, 정답은 선택지의 "③ 8"이다.

17 출제영역 >> 정정구조물 해석　　　　　　난이도 중　　정답 ①

여러 하중에 대한 힘의 평형관계를 이용하여 변수를 찾는 문제로
$\Sigma F_y = R_A + R_B(=R_A) - 12 - P + 0, \therefore R_A = 6 + 0.5P$
$\Sigma M_B = R_A \times 8 - P \times 6 - 12 \times (8/3) = 0, \therefore P = 8$
따라서, 정답은 선택지의 "① 8"이다.

18 출제영역 >> 영향선　　　　　　　　　　난이도 하　　정답 ④

게르버보의 휨모멘트 영향선을 찾는 문제로, 뮐러-브레슬러법에 의하여 모멘트의 영향선은 그 점의 모멘트를 해제(힌지로)하여 내부각 1rad 만큼 회전하며 얻어지는 선도가 되며, 좌우의 부재들은 지점과 절점의 조건에 따라 변화하게 된다. 절점 C를 힌지로 만들어 1rad 회전시키면 ④와 같은 선도가 된다
따라서, 정답은 선택지의 "④"이다.

19 출제영역 >> 보의 응력　　　　　　　　　난이도 중　　정답 ①

보에서 축력인 인장력과 휨모멘트를 일으키는 힘이 작용할 때, 보의 중앙부 상단에서의 응력을 구하는 문제로, 축응력은 인장이고 휨응력은 상단이 압축이므로 다음 식과 같이 된다.

$$\sigma = \frac{P}{A} - \frac{M}{S} = \frac{120 \times 10^3}{(300 \times 400)} - \frac{6 \times 20,000 \times 8,000^2}{4 \times 300 \times 400^2} = -4$$

따라서, 정답은 선택지의 "① 4(압축)"이다.

20 출제영역 >> 보의 처짐　　　　　　　　　난이도 상　　정답 ②

게르버보의 처짐 문제로
1) 우선 좌측 단순보 부분을 해석하여 우측 캔틸레버보에 작용할 하중을 구하면 (P/2)가 되고,
2) 이 하중(P/2)이 캔틸레버보의 C점에 작용할 때 보의 처짐식을 적용하여 처짐을 구하면 다음과 같다.

$$\delta = \frac{(P/2)L^3}{3EI} = \frac{P \times 3^3}{6EI} = \frac{9P}{2EI}$$

따라서, 정답은 선택지의 "② $\frac{9P}{2EI}$"이다.

Answer

01	②	02	①	03	②	04	④	05	③
06	①	07	②	08	③	09	①	10	④
11	②	12	③	13	①	14	②	15	②
16	④	17	④	18	③	19	①	20	③

01　출제영역 >> 단면의 성질　　난이도 하　정답 ②

도심거리 비교하는 문제로, 삼각형의 도심거리가 밑변에서 높이의 1/3 위치이므로 가장 작은 값이다. 반원의 경우 $4h/3\pi$의 위치이다.
따라서, 정답은 선택지의 "② (b)"이다.

02　출제영역 >> 힘과 모멘트　　난이도 중　정답 ①

모멘트 원리(바리뇽 정리)를 이용하는 문제로 다음식과 같다.
$$\sum M_o = -30 \times 9 + 60 \times 5 = -R(10) \times x, \quad \therefore x = -3$$
결과가 −이므로, 거리 x는 가정과 반대 방향인 우측으로 3m인 지점이 된다.
따라서, 정답은 선택지의 "①"이다.

03　출제영역 >> 정정구조물 해석　　난이도 중　정답 ②

단순보의 A지점 반력을 구하는 문제로, 집중하중과 등변분포하중을 나누어 산정하여 중첩하면 된다.

1) 집중하중 P로 인한 A지점 반력 : $V_{A1} = \dfrac{P\sin 45°}{2} = 5$

2) 등분포하중 w1에 의한 A반력 : $V_{A2} = \dfrac{wl}{2} = \dfrac{2 \times 6}{2} = 6$

3) 삼각형하중 w2에 의한 A반력 : $V_{A3} = A\dfrac{l}{2}\dfrac{1}{3} = \dfrac{3 \times 6}{6} = 3$

따라서, 지점 A의 반력 Va = 5 + 6 + 3 = 14이고, "② 14.0"이다.

04　출제영역 >> 응력과 변형　　난이도 하　정답 ④

축하중 부재의 변형을 구하는 문제로,
$$\delta_B = \frac{P(L/2)}{2AE} = \frac{PL}{4EA}$$
$$\delta_A = \delta_B + \delta_{AB} = \frac{PL}{4AE} + \frac{P(L/2)}{EA} = \frac{3PL}{4EA}$$
$$\therefore \frac{\delta_A}{\delta_B} = 3$$
따라서, 정답은 선택지의 "④ 3.0"이다.

05　출제영역 >> 응력과 변형　　난이도 중　정답 ③

온도응력에 대한 문제로, 한 단(n)이 자유단일 때, 온도응력에 따른 고정단(m)의 반력은 생기지 않는다.
따라서, 정답은 선택지의 "③"이다.

06　출제영역 >> 영향선　　난이도 중　정답 ①

게르버보의 연직반력 영향선도를 찾는 문제로, 뮐러-브레슬러법에 의하여 B지점의 연직반력을 해제하고, 위로 1만큼 들어올리면 ①과 같은 선도가 된다
따라서, 정답은 선택지의 "①"이다.

07　출제영역 >> 응력과 변형　　난이도 중　정답 ②

미소요소의 최대주응력과 최대전단응력 문제로, $\sigma_x = 8$, $\sigma_y = 2$, $\tau_{xy} = 4$ 이므로, A(8,4), B(2,−4) 두점으로 모어 응력원을 그려서 생각하면 간편하며, 식으로 구하면
$$\sigma_1 = \frac{\sigma_x + \sigma_y}{2} + \sqrt{\left(\frac{\sigma_x - \sigma_y}{2}\right)^2 + \tau_{xy}^2} = 5 + 5 = 10\text{가 된다.}$$
$$\tau_{max} = \sqrt{\left(\frac{\sigma_x - \sigma_y}{2}\right)^2 + \tau_{xy}^2} = 5$$
따라서, 정답은 선택지의 "② $\sigma_{max} = 10$, $\tau_{max} = 5$"이다.

08　출제영역 >> 보의 처짐　　난이도 상　정답 ③

게르버보의 처짐 문제인데, 하중이 게르버보 힌지점에 작용하므로 내민보와 같이 해석하면 된다. 내민보에서 BD보는 캔틸레버의 자유단에 하중이 작용할 때의 처짐을 구하고, AB보의 B점에 모멘트(PL) 하중이 작용할 때의 처짐각을 구하여 이를 토대로 D점의 처짐을 구한다.

1) BD보의 처짐 : $\delta_1 = \dfrac{PL^3}{3EI} = \dfrac{10 \times 3^3}{3EI} = \dfrac{90}{EI}$

2) AB보의 B점 처짐각 $\theta_B = \dfrac{ML}{3EI} = \dfrac{30 \times 6}{3EI} = \dfrac{60}{EI}$

3) θ_B로 인한 D점 처짐 : $\delta_2 = \theta_B L = \dfrac{60}{EI} \times 3 = \dfrac{180}{EI}$

4) D점의 최종 처짐 : $\delta_1 + \delta_2 = \dfrac{270}{EI}$

따라서, 정답은 선택지의 "③"이다.

09　출제영역 >> 보의 응력　　난이도 중　정답 ①

보에서 허용휨응력을 주고 하중을 구하는 문제로, 다음과 같이 휨응력식과 허용휨응력과의 관계식으로부터 하중을 구한다.
$$f = \frac{M}{S} = \frac{wl^2/8}{bh^2/6} \leq 6MPa$$
$$\therefore w \leq \frac{8bh^2}{l^2} = \frac{8 \times 300 \times 400^2}{10,000^2} = 3.84$$
따라서, 정답은 선택지의 "① 3.84"이다.

10 출제영역 >> 응력과 변형 　　　　난이도 중　정답 ④

축부재의 변형과 온도응력에 관한 문제로, 온도 변화(상승)로 인한 늘음량과 하중P로 인한 줄음량이 같도록 두고 하중을 구한다.

$$[\delta_T = \alpha\Delta TL] \equiv [\delta_P = \frac{PL}{AE}]$$

$$\therefore P = \alpha\Delta TAE = 40$$

따라서, 정답은 선택지의 "④ 40"이다.

11 출제영역 >> 정정구조물 해석 　　　　난이도 중　정답 ②

단순보 최대모멘트를 구하는 문제로, 전단력도를 그려서 면적을 구해도 되고, 자유물체도에서 힘의 평형식으로 계산해도 된다.
주어진 하중으로 A지점 반력을 계산하면 Va = 32이므로, 최대 휨모멘트가 발생하는 위치는 32 − 20x = 0인 x = 1.6m이고,
이 모멘트는 32 * 1.6/2 = 25.6이다.
따라서, 정답은 선택지의 "② 25.6"이다.

12 출제영역 >> 힘과 모멘트 　　　　난이도 하　정답 ③

A지점의 반력을 구하여 힘 평형에 의해 AB부재력을 구한다.
$\Sigma M_D = -H_A \times 3 + 6 \times 8 = 0, \quad \therefore H_A = 16$
지점 A의 힘의 평형에 의해 AB부재력 = −16이므로
따라서, 정답은 선택지의 "③ 16(압축)"이다.

13 출제영역 >> 정정구조물 해석 　　　　난이도 중　정답 ①

3활절 라멘의 수평반력을 구하는 문제로 다음 식과 같이
1) 전체 라멘에서 모멘트 평형으로 Va 구한후에,
2) 힌지점에서 좌측을 대상으로 모멘트를 취하여 Ha를 구한다.
$\Sigma M_D = V_A \times 10 + 5 \times 10 - 40 \times 5 = 0, \quad \therefore V_A = 15$
$\Sigma M_E = 15 \times 5 - H_A \times 10 - 20 \times 2.5 = 0, \quad \therefore H_A = 2.5$
따라서, 정답은 선택지의 "① 2.5"이다.

14 출제영역 >> 단면의 성질 　　　　난이도 중　정답 ②

삼각형의 단면2차모멘트를 구하는 문제로 평행축정리를 이용한다.
$$I_x = I_X + A\overline{y^2} = \frac{bh^3}{36} + \frac{bh}{2}\overline{y^2} = \frac{40 \times 30^3}{36} + \frac{40 \times 30}{2} \times 60 = 219 \times 10^4$$
따라서, 정답은 선택지의 "② 219×10^4"이다.

15 출제영역 >> 보의 응력 　　　　난이도 중　정답 ②

단순보의 전단응력을 구하는 문제로, 반력(또는 전단력도)을 통해서 최대전단력(50kN)을 찾고, 이를 토대로 응력을 구한다.
$$\tau_{max} = \frac{3}{2}\frac{V}{A} = \frac{3 \times 50,000}{2 \times 100 \times 100} = 7.5(압축)$$
따라서, 정답은 선택지의 "② 7.5"이다.

16 출제영역 >> 트러스 　　　　난이도 중　정답 ④

트러스의 부재력을 구하는 문제로,
1) A지점의 모멘트를 취해 D점의 수직반력을 먼저 구하고,
$\Sigma M_A = 10 \times 4 + 20 \times 2 + 30 \times 8 - V_D \times 10 = 0, \quad \therefore V_D = 32$
2) 절단법을 이용하여 우측 FE, FC, BC부재를 전단하여 우측부분에서 F점 모멘트 평형을 이용해 BC 부재력을 구한다.
$\Sigma M_F = 30 \times 3 + F_{BC} \times 10 - 32 \times 5 = 0, \quad \therefore F_{BC} = 7$
따라서, 정답은 선택지의 "④ 7(인장)"이다.

17 출제영역 >> 힘과 모멘트 　　　　난이도 중　정답 ④

장애물을 넘어가는 힘의 평형관계를 묻는 문제로, 하중의 중심에서 장애물 모서리까지의 수평거리는 삼각비에 의해서 0.4m이다.
$H \times 0.3 \geq W \times 0.4, \quad \therefore H = W \times 0.4/0.3 = 200$
따라서, 정답은 선택지의 "④ 200 kN 이상"이다.

18 출제영역 >> 영향선 　　　　난이도 상　정답 ③

연행하중이 지날때의 최대휨모멘트를 구하는 문제로, 1) 합력의 작용점을 찾고, 2) 합력점과 최대하중 작용점의 이등분점이 보의 중간에 위치하도록 하중을 배치한 상태에서 최대하중 작용점에서 휨모멘트를 구하면 다음과 같다. (M영향선도로도 구할 수 있음)
1) $8 \times 5 + 10 \times 2 = 20 \times x, \quad \therefore x = 3$(연행하중 우측에서 3m)
2) $\Sigma M_B = V_A \times 10 - 8 \times 7.5 - 10 \times 4.5 - 2 \times 2.5 = 0, \quad \therefore V_A = 11$
$M_{max} = 11 \times 5.5 - 8 \times 3 = 36.5$
따라서, 정답은 선택지의 "③ 36.5"이다.

19 출제영역 >> 기둥 　　　　난이도 중　정답 ①

장주의 좌굴 임계하중을 구하는 문제로 기둥의 지지조건이 양단고정이므로 K = 0.5이고, 약축은 b = 200, h = 100으로 계산하면,
$$P_{cr} = \frac{\pi^2 EI}{(kL)^2} = \frac{10 \times 200,000 \times (200 \times 100^3/12)}{(0.5 \times 40,000)^2} = 8750[kN]$$
따라서, 정답은 선택지의 "① 8,750"이다.

20 출제영역 >> 보의 처짐 　　　　난이도 상　정답 ③

캔틸레버보의 처짐 문제로 1) b점에서의 처짐을 구하고, 2) 여기에 b점의 처짐각에 길이(L/2)을 곱하여 a 점의 추가적인 처짐을 구하여 이 둘을 더하면 a점에서의 처짐이 된다.
1) $\delta_b = \frac{P(L/2)^3}{3EI} = \frac{PL^3}{24EI}$
2) $\Delta_c = \theta_b(\frac{L}{2}) = \frac{P(L/2)^2}{2EI}(\frac{L}{2}) = \frac{PL^3}{16EI}$
3) $\delta_a = \delta_b + \Delta_c = \frac{5PL^3}{48EI}$
따라서, 정답은 선택지의 "③ $\frac{5PL^3}{48EI}$"이다.

Answer

01	③	02	②	03	④	04	④	05	②
06	④	07	②	08	③	09	③	10	①
11	②	12	④	13	①	14	③	15	③
16	①	17	④	18	③	19	②	20	③

01 출제영역 >> 단면의 성질　　　난이도 하　정답 ③

탄성재료의 거동 개념을 묻는 문제로, 선택지 중 옳지 않은 내용은 "③ 단면의 주축에 관한 단면 상승 모멘트는 최대이다."이고, 옳게 고치면 "단면의 주축에 관한 단면 상승 모멘트는 0이다.

02 출제영역 >> 단면의 성질　　　난이도 중　정답 ②

도심거리 구하는 문제로, 면적 대신 면적비($2500\pi : 5000 = \pi : 2$)를 사용하여 계산하면 편리하다.

$$y_0 = \frac{(\pi \times (\frac{4 \times 100}{3\pi}) - (2 \times 100)}{\pi - 2} = 58.4(\text{mm})\text{이다.}$$

따라서 정답은 선택지의 "② 58.4mm"이다.

03 출제영역 >> 힘과 모멘트　　　난이도 하　정답 ④

A점에서의 모멘트를 구하기 위해 힘 P를 수직 수평분력으로 나누어 고려한다. 힘 P의 수평분력은 $20 * \cos\theta = 16$이고, 수직분력은 A점을 통과하므로 모멘트가 0이고, 수평분력으로 인한 모멘트는 $M = 16 * 10 = 160$이 된다.

따라서, 정답은 선택지의 "④ 160"이다.

04 출제영역 >> 정정구조물 해석　　　난이도 하　정답 ④

전단력도를 보면 C점에는 집중하중 6kN(1.8 + 4.2)이 작용하고 있다. 따라서, 설명 중 옳지 않은 것은 "④ C점에는 집중하중 1.8 kN이 작용하고 있다."이다.

05 출제영역 >> 정정구조물 해석　　　난이도 중　정답 ②

게르버보의 반력(휨모멘트)을 구하는 문제로,
1) 우측 단순보 부분을 해석하면 : Vb = 1kN
2) Vb를 좌측 캔틸레버 B점에 하중으로 작용시켜 모멘트를 구하면,
　$M_A + 4 \times 2 + 1 \times 4 = 0, \quad \therefore M_A = -12$

따라서, 정답은 선택지의 "② -12"이다.

06 출제영역 >> 응력과 변형　　　난이도 상　정답 ④

후크의 법칙에서 포아송비를 이용하는 문제로 다음식과 같다.

$$\nu = \frac{\varepsilon_2}{\varepsilon_1} = \frac{(x/100)}{(2/2000)} = 0.4, \quad \therefore x = 0.04$$

따라서, 정답은 선택지의 "④ 0.04"이다.

07 출제영역 >> 응력과 변형　　　난이도 중　정답 ②

양단고정된 축부재의 온도응력을 구하는 문제로 다음식과 같다.

$$\sigma_T = E\alpha \Delta T = 200,000 \times 1.2 \times 10^{-6} \times 30 = 7.2$$

따라서, 정답은 선택지의 "② 7.2"이다.

08 출제영역 >> 트러스　　　난이도 중　정답 ③

트러스의 영부재 구하는 문제로 주어진 트러스에서 우측하부로 두 부재가 만나는 절점에서 하중이 없으므로 이 두 부재가 영부재이고, 가운데 상부의 세 부재가 수직으로 만나는 곳에서 두 부재가 수평이고 나머지 한 수직부재는 영부재로 모두 3개 이다.

따라서, 정답은 선택지의 "③ 3"이다.

09 출제영역 >> 응력과 변형　　　난이도 중　정답 ③

축력을 받는 부재의 변형을 구하는 문제로 구간을 나누어 고려한다.
1) CD구간 부재력 +30
2) BC구간 부재력 +10
3) AB구간의 부재력 0

$$\delta = \delta_{BC} + \delta_{CD} = \frac{N_{bc}L_{bc}}{AE} + \frac{N_{cd}L_{cd}}{AE} = 5.5$$

따라서, 정답은 선택지의 "③"이다.

10 출제영역 >> 정정구조물 해석　　　난이도 중　정답 ①

$$\Sigma M_B = V_A \times 4 - 2 \times 2 + 4 \times 2 = 0, \quad \therefore V_A = -1$$

따라서, 정답은 선택지의 "① 1(↓)"이다.

11 출제영역 >> 정정구조물 해석　　　난이도 중　정답 ②

최대 휨모멘트 발생점은 전단력이 "0"인 점이다.

$$\Sigma M_B = V_A \times 10 - 320 \times 2 = 0, \quad \therefore V_A = 64$$

$$V_A - 2.0x = 0, \quad 64 - 2.0x = 0, \quad \therefore x = 3.2$$

따라서, 정답은 선택지의 "② 3.2"이다.

12 출제영역 >> 힘과 모멘트　　　　　난이도 중　정답 ④

$R\sin30° = \dfrac{W}{2}$, $\rightarrow R \times \dfrac{1}{2} = 5$, $\therefore R = 10$

따라서, 정답은 선택지의 "④ 10"이다.

13 출제영역 >> 응력과 변형　　　　　난이도 중　정답 ①

축부재에서 우향으로 10kN의 힘이 작용하므로 B점이 움직이지 않기 위해서는 크기는 같고 방향이 반대인 힘이 작용해야 한다.

따라서, 정답은 선택지의 "① 10"이다.

14 출제영역 >> 정정구조물 해석　　　　　난이도 중　정답 ③

연직반력이 같으므로 Va = Vb = 60kN이다. 이를 토대로 모멘트의 평형식을 세워서 거리 x를 다음과 같이 구한다.

$\Sigma M_A = 80 \times x + 40 \times 7 - 60 \times 8 = 0$, $\therefore x = 2.5$

따라서, 정답은 선택지의 "③ 2.5"이다.

15 출제영역 >> 기둥　　　　　난이도 중　정답 ③

$f_b = \dfrac{P}{A} + \dfrac{M}{S} = \dfrac{100,000}{(400 \times 200)} + \dfrac{100,000 \times 100}{(200 \times 400^2/6)} = 3.125$

따라서, 정답은 선택지의 "③ 3.125"이다.

16 출제영역 >> 정정구조물 해석　　　　　난이도 중　정답 ①

라멘의 반력을 구해서, 전단력이 "0"인 점이 최대모멘트 점이다.

$\Sigma M_B = V_A \times 4 + 10 \times 2 - 40 \times 2 = 0$, $\therefore V_A = 15$, $V_B = 25$

$\Sigma M_x = 15 \times 1.5 + 10 \times 4 - 10 \times 2 - \dfrac{10 \times 1.5^2}{2} - M_{max} = 0$,

$\therefore M_{max} = 31.25$

따라서, 정답은 선택지의 "① 31.25"이다.

17 출제영역 >> 구조물의 처짐　　　　　난이도 중　정답 ④

D점에 작용하는 하중을 B점으로 옮겨서 고려하면,

$\delta_P = \dfrac{PL^3}{3EI}$, $\delta_M = \dfrac{ML^2}{2EI} = \dfrac{(Pa)L^2}{2EI}$

$\dfrac{PL^3}{3EI} = \dfrac{PaL^2}{2EI}$, $\therefore a = \dfrac{2L}{3}$

따라서, 정답은 선택지의 "④ 20/3"이다.

18 출제영역 >> 보의 응력　　　　　난이도 상　정답 ③

$M_{max} = \dfrac{wl^2}{12} = \dfrac{60 \times 8,000^2}{12} = 3,200,000$

$\sigma_b = \dfrac{M}{S} = \dfrac{3,200,000}{300 \times 800^2/6} = 10$

따라서, 정답은 선택지의 "③"이다.

19 출제영역 >> 응력과 변형　　　　　난이도 중　정답 ②

원환응력 관계식은 다음과 같다.

$\sigma = \dfrac{T}{A} = \dfrac{qD}{2t}$, $\Rightarrow t = \dfrac{qD}{2\sigma} = \dfrac{10 \times 270}{2 \times 90} = 15$

따라서, 정답은 선택지의 "② 15"이다.

20 출제영역 >> 보의 처짐　　　　　난이도 상　정답 ③

$\delta_{c1(p)} = \theta_{B1}\left(\dfrac{L}{2}\right) = \left(\dfrac{PL^2}{16EI}\right)\left(\dfrac{L}{2}\right) = \dfrac{PL^3}{32EI}(\uparrow)$

$\delta_{c2(q)} = \delta_c + \theta_{B2}\left(\dfrac{L}{2}\right) = \left(\dfrac{Q(L/2)^3}{3EI}\right) + \dfrac{ML}{3EI}\left(\dfrac{L}{2}\right) = \dfrac{3QL^3}{24EI}(\downarrow)$

$\therefore \delta_{c1(p)} - \delta_{c2(q)} = 0$, $\dfrac{PL^3}{32EI} = \dfrac{3QL^3}{24EI}$, $\therefore \dfrac{P}{Q} = \dfrac{96}{24} = 4$

따라서, 정답은 선택지의 "③ 4"이다.

제
03
회

01 출제영역 >> 단면의 성질   난이도 중 정답 ④

단면의 모멘트의 특징들을 묻는 문제로, 단면 상승 모멘트는 0과 양, 음의 값을 가질 수 있으므로, 옳지 않은 내용은 "④ 단면 상승 모멘트이 값은 항상 0보다 크거나 같다."이다.

02 출제영역 >> 정정구조물 해석   난이도 하 정답 ④

B지점에거 반력모멘트를 구하면 다음과 같다.
$\Sigma M = -4 \times 2 - 4 \times 1 + M_B = 0$, $\therefore M_B = 12$
따라서, 정답은 선택지의 "④"이다.

03 출제영역 >> 트러스   난이도 중 정답 ②

트러스의 부재력을 구하는 문제로, B-C 부재 및 C-F 부재의 중간을 가로질러 3ro 부재가 걸치도록 잘라서 절단법 적용한다.
$\Sigma F_y = -1000 + F_{CG}\sin45° = 0$, $\therefore F_{CG} = 1000\sqrt{2}$
따라서, 정답은 선택지의 "② $1000\sqrt{2}$"이다.

04 출제영역 >> 정정구조물 해석   난이도 중 정답 ②

$\Sigma M_D = V_A \times 10 - 20 \times 7 = 0$, $\therefore V_A = 14$
$\Sigma F_y = 0$, $\therefore V_B = 6$
따라서 C점의 전단력은 −6이고, 휨모멘트는 면적(6*4=24)이다.
따라서, 정답은 선택지의 "② −6, 24"이다.

05 출제영역 >> 정정구조물 해석   난이도 중 정답 ③

하중조건이 복잡한 경우에 치환하여 반력을 구하는 문제로 다음과 같이 등분포하중과 삼각형하중을 치환하여 계산한다.
$\Sigma M_B = V_A \times 9 - 15 \times 7 - 30 - 60 \times 3 = 0$
$\therefore V_A = 35$
따라서, 정답은 선택지의 "③ 35"이다.

06 출제영역 >> 정정구조물 해석   난이도 중 정답 ③

두 지점의 반력이 같으므로 $\Sigma F_y = 0$에서, $V_A = V_B = \dfrac{wx}{4}$
따라서, A점에서 모멘트 평형을 취하면
$\sum M_A = 0$, $\dfrac{wx}{2} \times \dfrac{2}{3}x - \dfrac{wx}{4} \times L = 0$, $\therefore x = \dfrac{3L}{4}$
따라서, 정답은 선택지의 "③ 0.75 L"이다.

07 출제영역 >> 영향선   난이도 중 정답 ④

B점의 휨모멘트에 대한 영향선은 뮐러−브레슬러법에 의하여 B점의 휨모멘트를 해제하여(즉, 힌지로 만들고) 1rad 회전시키면 그 모양은 선택지의 ④와 같이 된다.

08 출제영역 >> 기둥   난이도 중 정답 ③

장주의 탄성좌굴하중식에서 분자는 동일하므로, 분모의 크기가 작은 것이 Pcr이 큰 것이 된다. 분모의 (kL)을 비교하면,
(a) $\dfrac{1}{(2 \times 10)^2}$, (b) $\dfrac{1}{(1 \times 20)^2}$, (c) $\dfrac{1}{(0.5 \times 20)^2}$, (d) $\dfrac{1}{(0.7 \times 20)^2}$
따라서, 정답은 선택지의 "③ (c)"이다.

09 출제영역 >> 응력과 변형   난이도 중 정답 ①

45도 스트레인 로젯에서 최대전단변형률을 구하는 문제로,
$\gamma_{xy} = 2\varepsilon_b - (\varepsilon_a + \varepsilon_c) = 2 \times 190 - (180 + 120) = 80$
$\gamma_{\max} = 2\sqrt{\left(\dfrac{\varepsilon_x - \varepsilon_y}{2}\right)^2 + \dfrac{\gamma_{xy}^2}{2}} = 100 \times 10^{-6}$
따라서, 정답은 선택지의 "① 100"이다.

10 출제영역 >> 부정정구조물   난이도 상 정답 ②

부정정구조의 처짐각을 이용하여 작용 모멘트하중(M)을 구하는 문제로 강성도법을 이용하여 다음과 같이 계산한다.
$M_A = K_A\theta_A = \dfrac{4EI}{L}\theta_A = \dfrac{4 \times 20,000}{4,000} \times 0.03 = 0.6$
따라서, 정답은 선택지의 "② 0.6"이다.

11 출제영역 >> 보의 처짐   난이도 중 정답 ③

캔틸레버보의 휨에 의한 변형에너지는,
$U = \dfrac{1}{2}P\delta = \dfrac{1}{2}P \times \dfrac{PL^3}{3EI} = \dfrac{P^2L^3}{6EI}$
따라서, 정답은 선택지의 "③ $\dfrac{1}{6}$"이다.

12 출제영역 >> 정정구조물 해석   난이도 중   정답 ①

게르버보의 반력을 구하는 문제로, 양쪽 부분의 단순보를 먼저 해석하여 지점 반력을 그 점(힌지)의 하중으로 작용시켜서, 가운데 부분 내민보를 해석하고, 비례식으로 구하면,
A – H_1 구간 단순보의 반력 : 4, 내민보의 반력 32/2 = 16
V_B = 4 + 16 = 20
따라서, 정답은 선택지의 "① 20"이다.

13 출제영역 >> 보의 응력   난이도 중   정답 ③

보의 휨응력을 이용하여 다음 식과 같이 하중을 구한다.
$$f_b = \frac{M}{S} = \frac{(PL/4)}{(bh^2/6)} \le f_a(20), \therefore P \le 480[kN]$$
따라서, 정답은 선택지의 "③ 480"이다.

14 출제영역 >> 구조물 개요   난이도 중   정답 ②

부정정보의 차수를 구하는 문제로 다음과 같다.
(가) 5 – 3 = 2차 부정정
(나) 7 – 3 – 1 = 3차 부정정
따라서, 이 둘을 합하여 정답은 선택지의 "② 5차"이다.

15 출제영역 >> 응력과 변형   난이도 중   정답 ④

미소요소의 주응력과 전단응력 구하는 문제로,
$$\sigma_{max} = \frac{\sigma_x + \sigma_y}{2} + \sqrt{(\frac{\sigma_x - \sigma_y}{2})^2 + \tau_{xy}^2} = 30 + 50 = 80$$
$$\tau_{max} = \sqrt{(\frac{\sigma_x - \sigma_y}{2})^2 + \tau_{xy}^2} = 50$$
따라서, 정답은 선택지의 "④ 80, 50"이다.

16 출제영역 >> 응력과 변형   난이도 중   정답 ①

튜브의 전단흐름(f)을 구하는 문제로, 다음 식과 같이 구한다.
$$f = \frac{T}{2A_m} = \frac{200 \times 10^6}{2 \times (400 \times 500)} = 500$$
따라서, 정답은 선택지의 "① 500"이다.

17 출제영역 >> 보의 처짐   난이도 중   정답 ④

캔틸레버보의 처짐과 처짐각에 대한 문제로 C점의 처짐각은 B점의 처짐각과 같으므로 다음 식과 같이 계산한다.
$$\theta_C = \theta_B = \frac{P(L/2)^2}{2EI} = \frac{PL^2}{8EI}$$
따라서, 정답은 선택지의 "④ $\frac{PL^2}{8EI}$"이다.

18 출제영역 >> 축력 부재   난이도 하   정답 ②

양단고정 축력 부재의 반력을 구하는 문제로, 다음과 같다.
좌측 부재부터 차례로 부재력을 감안하여 변형을 구하면,
$\delta = \delta_1 + \delta_2 + \delta_3$
$$= \frac{H_A L}{EA} + \frac{(H_A - 210)L}{EA} + \frac{(H_A - 360)L}{EA} = 0$$
$3H_A = 570, \therefore H_A = 190, \therefore H_B = H_A - 210 - 150 = -170$
따라서, 정답은 선택지의 "② 170"이다.

19 출제영역 >> 보의 처짐   난이도 중   정답 ④

단순보의 처짐에 대한 각 값들의 비례관계를 묻는 문제로,
단순보에 집중하중 작용시 처짐식은 : $\delta = \frac{Pl^3}{48EI}$이다.
따라서, 선택지 중 옳은 것은 "④ 부재의 폭 b를 그대로 두고 높이 h를 2배로 하면 처짐량 δ는 δ/8가 된다."이다.

20 출제영역 >> 보의 처짐   난이도 상   정답 ①

스프링연결 강체 기둥의 탄성좌굴하중을 구하는 문제로,
1) B점이 변위를 일으켜 좌굴을 생기게 하는 힘은 Pδ이고,
2) 여기에 저항하는 힘은 A점의 회전스프링(Ms)의 복원력(Rs)과 B점 아래 수직 스프링의 복원력이다. 이들 세힘의 모멘트 평형을 A점에서 취하면,
$$\Sigma M_A = P\delta - M_s - R_S L = 0, (\delta = L\theta, R_S = kL\theta, M_S = k_\theta \theta)$$
$$PL\theta = k_\theta \theta + kL\theta(L), \therefore P = \frac{k_\theta}{L} + kL$$
따라서, 정답은 선택지의 "① $kL + \frac{k_\theta}{L}$"이다.

01 　출제영역 >> 단면의 성질　　　　난이도 중　정답 ④

파푸스의 정리를 이용하여 회전체의 부피를 구하면 다음과 같다.

$$V = A \cdot \bar{x} \cdot \theta = \left(\frac{b \cdot h}{2}\right) \times \left(\frac{b}{3}\right) \times 2\pi = \left(\frac{\pi b^2 h}{6}\right)$$

02 　출제영역 >> 정정구조물 해석　　　　난이도 하　정답 ③

C점의 부재력모멘트는 CB구간 자유물체도에서 힘평형으로 구하면,

$$\Sigma M = -120 + \frac{10 \times 2^2}{2} + M_C = 0, \ \therefore M_C = 100$$

따라서, 정답은 선택지의 "③ 100"이다.

03 　출제영역 >> 정정구조물 해석　　　　난이도 중　정답 ④

B점의 반력모멘트가 0 이 되도록 식을 세우면,

$$\Sigma M_B = -20 + P \times 6 - \frac{2 \times 4^2}{2} = 0, \ \therefore P = 6$$

따라서, 정답은 선택지의 "④ 6"이다.

04 　출제영역 >> 단면의 성질　　　　난이도 중　정답 ③

폐다각형에서 면적이 같은 경우 한 내각의 크기가 작을수록 단면2차모멘트 I가 커진다. (3각형 > 4각형 > 5각형 > 육각형 > 원의 순서)
따라서, 정답은 선택지의 "③ C > B > A "이다.

05 　출제영역 >> 정정구조물 해석　　　　난이도 중　정답 ①

등변분포하중이 작용할 때의 반력을 구하면 A지점의 수평반력은,

$V_A = \frac{1}{6} wL^2$이다. x떨어진 지점의 전단력은

$$V_x = V_A - \frac{1}{2}wx^2 = \frac{1}{6}wL^2 - \frac{1}{2}wx^2 = 0, \ \therefore x = \frac{1}{\sqrt{3}}L$$

따라서, 정답은 선택지의 "① $\frac{L}{\sqrt{3}}$"이다.

06 　출제영역 >> 응력과 변형　　　　난이도 중　정답 ②

봉의 길이가 2m(200mm)이고, 변형률은 0.002이므로 봉의 길이는 4 mm 증가한다.
따라서, 옳지 않은 것은 "② 봉의 길이는 약 2 mm 증가한다."이다.

07 　출제영역 >> 힘과 모멘트　　　　난이도 중　정답 ②

힘의 평형 또는 한점에 모이는 세힘의 관계로 라미의 정리를 이용하여 다음과 같이 풀 수 있다.

$$\frac{P_A}{\sin A} = \frac{P_B}{\sin B} \Rightarrow \frac{F_{BC}}{\sin 120°} = \frac{100}{\sin 120°}, \ \therefore F_{BC} = 100$$

따라서, 정답은 선택지의 "② 100 "이다.

08 　출제영역 >> 정정구조물 해석　　　　난이도 중　정답 ②

$$\Sigma M_B = V_A \times 4 + 9 \times 2 = 0, \ \therefore V_A = -4.5(\downarrow)$$

따라서, 정답은 선택지의 "② 4.5(↓)" 이다.

09 　출제영역 >> 응력과 변형　　　　난이도 중　정답 ③

$$\tau_{max} = \sqrt{(\frac{\sigma_x - \sigma_y}{2})^2} = \sqrt{(\frac{90 - (-30)}{2})^2} = 60$$

따라서, 정답은 선택지의 "③ 60"이다.

10 　출제영역 >> 라멘　　　　난이도 중　정답 ④

3활절 라멘의 수평반력을 구하는 문제로 다음 식과 같이
1) 전체라멘에서 모멘트 평형을 취하고,
2) 힌지점에서 좌측을 대상으로 모멘트를 취하여 Ha를 구한다.

$$\Sigma M_B = V_A \times 6 - 24 \times 2 - H_A \times 2 = 0 \cdots (1)$$
$$\Sigma M_{C(좌)} = V_A \times 3 - H_A \times 4 - 6 \times 1 = 0 \cdots (2)$$
$$(1) - (2) \times 2, \ 6H_A - 36 = 0 \quad \therefore H_A = 6$$

따라서, 정답은 선택지의 "④ 6"이다.

11 　출제영역 >> 트러스　　　　난이도 하　정답 ①

트러스의 반력을 구하여, 중간을 절단하고 단면법을 적용한다. L 부재의 좌측 절점에서 모멘트 평형을 취하여 다음과 같이 구한다.

$$\Sigma M_B = V_A \times 6 + 10 \times 2 - 20 \times 2 = 0, \ \therefore V_A = 3.3$$
$$\Sigma M = V_A \times 2 + U \times 2 = 0, \ \therefore U = -3.3$$

따라서, 정답은 선택지의 "① 3.3"이다.

12 　출제영역 >> 힘과 모멘트　　　　난이도 중　정답 ④

맞닿는 점에서 바퀴의 중량에 의한 모멘트보다 힘 P로 당기는 모멘트가 더 크면 움직인다. 거리는 주어진 조건에 따라 30, 40이다.

$$P \times 30 \geq 60 \times 40, \ \therefore P \geq 240/30 = 80$$

따라서, 정답은 선택지의 "④ 80"이다.

13 출제영역 >> 기둥   난이도 상   정답 ①

양단고정이므로 온도하중에 의한 부재력(N)이 임계하중과 같으면 좌굴이 생기므로, 이 관계식으로 온도상승량을 구하면 다음과 같다.

$$N = \sigma_T A = E\alpha\,\Delta T A \equiv P_{cr} = \frac{\pi^2 EI}{(kL)^2}, \quad \therefore \Delta T = \frac{4\pi^2 I}{\alpha\,TL^2}$$

따라서, 정답은 선택지의 "①"이다.

14 출제영역 >> 응력과 변형   난이도 중상   정답 ④

축부재의 변형에너지를 구하는 문제로 변형에너지는 다음식과 같다.

$$x = \sum \frac{Aixi}{Ai}$$
$$= \frac{1 \times 25 + 2 \times 300 + 4 \times 575}{1 + 2 + 4}$$
$$= \frac{2925}{7}$$

따라서, 정답은 선택지의 "④"이다.

15 출제영역 >> 보의 처짐   난이도 상   정답 ②

C점에서 단순보의 처짐과 스프링의 처짐에 대한 변위 일치로 계산한다.

1) $\delta_b = \dfrac{Pl^3}{48EI} - \dfrac{R_s l^3}{48EI} = \dfrac{Pl^3}{96EI}$

2) $\delta_s = \dfrac{R_s}{k}, \; \delta_b = \delta_s, \; k = \dfrac{R_s}{\delta_b}$

따라서, 정답은 선택지의 "② $\dfrac{48EI}{L^3}$"이다.

16 출제영역 >> 보의 처짐   난이도 중   정답 ③

보의 처짐을 구하는 방법에 대한 설명으로, 선택지의 "③ ~ 보 처짐에 관한 미분방정식의 적분과 경계조건을 이용하여 변위를 구하는 방법이다."은 탄성곡선의 미분방정식을 이용하는 방법이다.
따라서, 정답은 선택지의 "③"이다.

17 출제영역 >> 기둥   난이도 중   정답 ③

단주의 조합응력에 관한 문제로 다음식과 같이 풀어서 검토한다.

$$f = \frac{P}{A} \pm \frac{M}{S} = \frac{300 \times 1000}{(200 \times 300)} \pm \frac{300,000 \times 40}{200 \times 300^2/6} = 5 \pm 4 = (9, 1)$$

B,D점 응력은 9MPa(압축)이고, A,C의 응력은 1MPa(압축)이다.
따라서, 옳지 않은 것은 선택지의 "③ A점에는 인장응력이 발생한다."이다.

18 출제영역 >> 영향선   난이도 중   정답 ②

영향선과 이동하중에서 연행하중이 지날대의 절대최대휨모멘트 발생점을 찾는 문제이며, 합력점과 최대하중점 사이의 이등분점이 보 경간의 중앙에 위치할 대의 최대하중점의 위치가 절대최대휨모멘트 점이다.

1) 합력의 위치 $5 \times 6 = 15 \times d, \; \therefore d = 2m$

2) $x = \dfrac{20}{2} - \dfrac{d}{2} = 9$

따라서, 정답은 선택지의 "② 9"이다.

19 출제영역 >> 보의 응력   난이도 중   정답 ④

보의 응력에서 보의 중립축 위치인 B점에서 전단응력은 최대이고 휨응력은 "0"이 된다.
따라서, 선택지 중 옳지 않은 것은 "④ B점에서 전단응력과 휨응력이 모두 최대가 된다."이다.

20 출제영역 >> 부정정구조   난이도 상   정답 ①

부정정이므로, 모멘트분배법으로 A점의 모멘트를 구한다.

1) 집중하중 작용시 고정단모멘트

$$FEM_{AB} = -\frac{Pl}{8} = -10, \; FEM_{BA} = \frac{Pl}{8} = 10$$

2) B점에서 불균형모멘트를 분배율(DF)에 따라 A단과 C단으로 분배하고, 전달율(1/2) 만큼 도달됨

$$DF_{AB} = \frac{K_{AB}}{\Sigma K} = \frac{(2I/2)}{(2I/2 + 3I/3)} = \frac{1}{2}, \; \text{and carryover rate} = \frac{1}{2}$$
$$Balancing \; M_{BA} \times (DF) \times (1/2) = -(10 \times 1/2 \times 1/2) = -2.5$$

3) A점의 모멘트는 원래 고정단 모멘트와 전달된 모멘트의 합
   Ma = −10 + (−2.5) = −12.5
따라서, 정답은 선택지의 "① 12.5"이다.

Answer

01	②	02	③	03	②	04	②	05	①
06	②	07	①	08	①	09	④	10	③
11	③	12	④	13	②	14	②	15	④
16	③	17	③	18	④	19	③	20	④

01 출제영역 >> 응력과 변형   난이도 하   정답 ②

콘크리트와 같은 일부 재료들은 탄성한도내에서도 응력-변형률 선도가 곡선이다.
따라서, 옳지 않은 내용은 "② 모든 탄성재료의 응력-변형률 선도는 직선이다."이다.

02 출제영역 >> 단면의 성질   난이도 하   정답 ③

직사각형 단면의 탄성단면계수 S와 소성단면계수 Z는 다음과 같다.

$$S = \frac{bh^2}{6}, \ Z = \frac{bh^2}{4}$$

따라서, 정답은 선택지의 "③ 2 : 3"이다.

03 출제영역 >> 힘의 평형   난이도 중   정답 ②

도르레 연결 부재에서 도르레는 힘의 방향만 바꾸어주는 역할을 한다.
스프링이 받는 힘은 B블록의 우측면에 줄이 당기는 힘의 수평성분과 같다.

$$\Sigma F_x = -R + 20\cos\theta = 0, \ \therefore R = 16$$

따라서, 정답은 선택지의 "② 16"이다.

04 출제영역 >> 라멘의 해석   난이도 중   정답 ②

$$\Sigma M_A = 4 \times 4 - 10 \times 2 - H_B \times 6 = 0, \ \therefore H_B = 6(\leftarrow)$$

따라서, 정답은 선택지의 "② 6(←)"이다.

05 출제영역 >> 기둥   난이도 중   정답 ①

스프링연결 강체 기둥의 탄성좌굴하중을 구하는 문제로,

$$A) \ P_{cr} = \frac{\pi^2 EI}{(2 \times L)^2} = \frac{\pi^2 EI}{4L^2}$$

$$B) \ P_{cr} = \frac{\pi^2 EI}{(1 \times 2L)^2} = \frac{\pi^2 EI}{4L^2}$$

$$C) \ P_{cr} = \frac{\pi^2 EI}{(0.7 \times 3L)^2} = \frac{\pi^2 EI}{4.41L^2}$$

따라서, 정답은 선택지의 "① A = B > C"이다.

06 출제영역 >> 정정구조물 해석   난이도 중   정답 ②

바리뇽의 정리로 식을 세우면,
$$5 \times 6 - 20 \times (x+3) = -30 \times x, \ \therefore x = 3$$
따라서, 정답은 선택지의 "② 3"이다.

07 출제영역 >> 응력과 변형   난이도 중   정답 ①

축변형 문제로, 다음식과 같이 구간을 나누어 더한다.
$$\delta = \Sigma \frac{P_i L_i}{EA} = \frac{30 \times 200 + 40 \times 100 + 20 \times 100}{100 \times 1} = 120$$
따라서, 정답은 선택지의 "① 120 "이다.

08 출제영역 >> 정정구조물 해석   난이도 중   정답 ①

게르버보에서 좌측 내민보의 전단력은,
$$\Sigma M_R = 0, \ V_L \times 6 - 12 \times 3 + 2 \times 3 = 0, \ \therefore V_L = 5$$
$$V_A = V_L - 2 \times 3 = -1$$
따라서, 정답은 선택지의 "① 1"이다.

09 출제영역 >> 응력과 변형   난이도 상   정답 ④

$$\sum F_y = 0, \ N_1 + N_2 = P, \ \therefore N_2 = P - N_1$$

$$\delta_1 = \frac{N_1(3h)}{AE}, \ \delta_2 = \frac{(P-N_1)(2h)}{AE} \ \text{이 둘이 같으므로,}$$

$$3hN_1 + 2hN_1 - 2hP = 0, \ \therefore N_1 = \frac{2}{5}P, \ N_2 = \frac{3}{5}P$$

$$\sum M_A = 0, \ P \times x - \frac{3}{5}P \times L = 0, \ \therefore x = \frac{3}{5}L$$

따라서 정답은 선택지의 "④ 0.6 L"이다.

10 출제영역 >> 트러스   난이도 하   정답 ③

절점C에서 수직힘의 평형관계에서 CG부재력은 −10(압축)이고, E점에서 수직힘의 평형관계로 DE부재력은 0이다.
따라서, 정답은 선택지의 "③ −10 N, 0 N"이다.

11 출제영역 >> 정정구조물 해석   난이도 중   정답 ③

양단고정보에 등분포하중이 작용하면 모멘트도의 개형은 2차곡선이고 양지점에 모멘트 반력이 생기므로 선택지의 ③과 같다.

12 출제영역 >> 응력과 변형　　　　난이도 상　정답 ④

$$G = \frac{E}{2(1+\nu)} = \frac{2 \times 10^5}{2(1+0.25)} = 80[GPa],$$

here, $E = \frac{PL}{A\delta} = 2 \times 10^5 (MPa) = 200[GPa]$

따라서, 정답은 선택지의 "④ 80"이다.

13 출제영역 >> 응력과 변형　　　　난이도 중　정답 ②

단분보 해석에서 B점 있는 우측 부분의 전단력(V)는 10kN이다.

$$\tau_{max} = \frac{3}{2}\frac{V}{A} = \frac{3(10,000)}{2(100 \times 200)} = 0.75[MPa] = 750[kPa]$$

따라서, 정답은 선택지의 "② 750"이다.

14 출제영역 >> 힘과 모멘트　　　　난이도 중　정답 ②

활동힘 : 50 > 저항력 : 110 * 0.4 = 44
전도모멘트 = 50 * 2 = 100 < 저항모멘트 : 110 * 1 = 110
따라서, 정답은 선택지의 "② 활동: ○, 전도: ×"이다.

15 출제영역 >> 응력과 변형　　　　난이도 중　정답 ④

$$N = \sigma A = E\alpha \Delta T A = 360[kN] \quad (\sigma_T = E\alpha \Delta T)$$

따라서, 정답은 선택지의 "④ 360(압축력)"이다.

16 출제영역 >> 단면의 성질　　　　난이도 중　정답 ③

임의축에 대한 $I_x = I_X + Ay^2$ (I_X: 도심축의 I값)

$I_{x1} = I_X + Ay_1^2$, $I_{x2} = I_X + A(2y_1)^2 = I_X + 4Ay_1^2$

$\therefore I_{x2} = I_{x1} + 3Ay_1^2$

따라서, 정답은 선택지의 "③"이다.

17 출제영역 >> 부정정구조물 해석　　　　난이도 중　정답 ③

$$D.F = \frac{K}{\Sigma K} = \frac{(2I/4)}{(I/2 + I/2 + 2I/4)} = \frac{1}{3}$$

따라서, 정답은 선택지의 "③ 1/3"이다.

18 출제영역 >> 영향선　　　　난이도 중　정답 ④

연행하중이 작용할 때, A점 반력은 앞선 하중이 그 점 위에 올 때 최대가 됨. 앞선하중(12kN)을 A점에 둔 상태로 반력을 구하면,

$\Sigma M_B = V_A \times 6 - 12 \times 6 - 12 \times 4 = 0$, $\therefore V_A = 20$

따라서, 정답은 선택지의 "④ 20"이다.

19 출제영역 >> 정정구조물 해석　　　　난이도 중　정답 ③

A지점의 반력은 $P + wl$이므로 C점에서 모멘트를 구하면,

$$M_C = -P \times 2L + (P + wL) \times L - \frac{wL}{2} \times \frac{L}{2} = 0, \quad \therefore P = \frac{3}{4}wL$$

따라서, 정답은 선택지의 "③"이다.

20 출제영역 >> 보의 처짐　　　　난이도 상　정답 ④

$$\theta_B = \frac{P(2L)^2}{16EI} = \frac{PL^2}{4EI}$$

$$\delta_C = \theta_B L = \frac{PL^3}{4EI}$$

따라서, 정답은 선택지의 "④"이다.

01	①	02	②	03	③	04	②	05	②
06	①	07	①	08	④	09	②	10	④
11	①	12	④	13	④	14	④	15	③
16	②	17	③	18	④	19	③	20	③

01 출제영역 >> 힘과 모멘트 난이도 하 정답 ①

$$T_a = \frac{W}{2} \times \frac{1}{\cos 30°} = \sqrt{3}\,W$$

$$T_b = \frac{W}{2} \times \frac{1}{\cos 60°} = 1.0\,W$$

$$T_c = \frac{W}{2} \times \frac{1}{\cos 45°} = 0.707\,W$$

따라서, 정답은 선택지의 "① $T_a > T_b > T_c$"이다.

02 출제영역 >> 힘과 모멘트 난이도 중 정답 ②

옹벽의 전도모멘트(Mo)와 저항모멘트(Mr)를 비교한다.

$$M_o = (24 \times 1) \times 3 = 72$$

$$M_r = \left(9 \times B \times \frac{1}{2} \times 24\right) \times \frac{2}{3}B = 72B^2$$

$$M_o \leq M_r, \quad \therefore B \geq 1$$

따라서, 정답은 선택지의 "② 1.0"이다.

03 출제영역 >> 단면의 성질 난이도 중 정답 ③

비정형 도형의 도심거리이므로, 중첩을 이용하고, 면적대신 면적비를 사용하여 계산한다. (수직부분과 수평부분으로 나누어 고려)

$$y_0 = \Sigma \frac{G_i}{A_i} = \frac{(1 \times 65) + (1 \times 30)}{1 + 1} = \frac{95}{2} = 47.5$$

따라서, 정답은 선택지의 "③ 47.5"이다.

04 출제영역 >> 응력과 변형 난이도 상 정답 ②

주어진 조건으로 포아송비를 먼저구하고, G를 구한다.

$$\nu = \frac{\varepsilon_2 (0.004/20)}{\varepsilon_1 (1/1000)} = 0.2, \quad G = \frac{E}{2(1+\nu)} = \frac{2.4 \times 10^5}{2.4} = 10^5$$

따라서, 정답은 선택지의 "② 10.0×10^4"이다.

05 출제영역 >> 정정구조물 해석 난이도 중 정답 ②

최대휨모멘트가 발생하는 점은 전단력이 0인 점이므로, 이 지점까지 전단력의 면적을 적분하여 구한다.

$$M_{max} = (7.5 \times 1) + (5 \times 3) + (3 \times 5/2) = 30$$

따라서, 정답은 선택지의 "② 30.0"이다.

06 출제영역 >> 정정구조물 해석 난이도 중 정답 ①

$$\Sigma F_y = R_A + R_B - 6 = 0, \quad \therefore R_A = R_B = 3$$

$$\Sigma M_A = 4 \times x + 2 \times (x+2) - 3 \times 6 = 0, \quad 6x = 14, \quad \therefore 14/6$$

따라서, 정답은 선택지의 "① 7/3"이다.

07 출제영역 >> 트러스 난이도 중 정답 ①

EB의 우측을 잘라서 절단법을 적용하여 다음과 같이 구한다.

$$\Sigma M_F = -4 \times 4 - F_{BC} \times 2 = 0, \quad \therefore F_{BC} = -8$$

따라서, 정답은 선택지의 "① 8(압축력)"이다.

08 출제영역 >> 기둥 난이도 중 정답 ④

$$f_b = \frac{P}{A} + \frac{M_1}{S} - \frac{M_2}{S} = \frac{P_1}{(2a^2)} + \frac{P_1 \times 0.5a}{a \times (2a)^2/6} - \frac{P_2 \times 10a}{a \times (2a)^2/6} \geq 0$$

$$\frac{5P_1}{4a^2} - \frac{60P_2}{4a^2} \geq 0, \quad \therefore 5P_1 \geq 60P_2, \quad \therefore \frac{P_1}{P_2} \geq 12$$

따라서, 정답은 선택지의 "④ 12"이다.

09 출제영역 >> 라멘의 해석 난이도 중 정답 ②

$$\Sigma M_A = (32 \times 3/2) \times 1 - P \times 4 - V_E \times 4 = 0, \quad \therefore V_E = 12 - P$$

$$M_C = -(12 - P) \times 1 + P \times 2 = 0, \quad \therefore P = 4$$

따라서, 정답은 선택지의 "② 4"이다.

10 출제영역 >> 응력과 변형 난이도 중 정답 ④

미소요소의 주응력 구하는 문제로 다음식과 같다.

$$\sigma_1 = \frac{\sigma_x + \sigma_y}{2} + \sqrt{\left(\frac{\sigma_x - \sigma_y}{2}\right)^2 + \tau_{xy}^2} = 20 + 30\sqrt{2}$$

따라서, 정답은 선택지의 "④ $20 + 30\sqrt{2}$"이다.

11 출제영역 >> 영향선 난이도 중 정답 ①

게르버보의 전단력의 영향선 문제로 뮐러－브레슬러법에 따라 C점의 전단력을 해제(cut)하고 우상 좌하로 이동한다. 좌우는 지점과 절점의 특성에 따르며, 영향선도는 형상은 선택지의 "①"이다.

12 출제영역 >> 응력과 변형 난이도 중 정답 ④

$$\delta = \delta_{AC} + \delta_{CB} = \frac{PL}{EA} + \frac{3PL}{EA} = \frac{4PL}{EA}$$

따라서, 정답은 선택지의 "④ $\frac{4PL}{EA}$"이다.

13 출제영역 >> 보의 처짐   난이도 상   정답 ③

$$\delta_P = \delta_B + \theta_B(L/2) = \frac{P(L/2)^3}{3EI} + \frac{P(L/2)^2}{2EI}\frac{L}{2} = \frac{5PL^3}{48EI}$$

$$\delta_Q = \frac{QL^3}{3EI}, \; \delta_P - \delta_Q = 0, \; \frac{5P}{48} = \frac{Q}{3}, \; \therefore Q = \frac{5P}{16}$$

따라서, 정답은 선택지의 "③"이다.

14 출제영역 >> 기둥   난이도 중상   정답 ④

장주의 좌굴하중을 구하여 비교하는 문제로, 지지조건에 따른 유효길이
계수는 (a)는 2.0, (b)는 0.5이다.

$$P_{cr(a)} = \frac{\pi^2 EI}{kL^2} = \frac{\pi^2 EI}{(2L)^2} = \frac{\pi^2 EI}{4L^2}, \; P_{cr(b)} = \frac{\pi^2 EI}{(0.5L)^2} = \frac{4\pi^2 EI}{kL^2}$$

$\therefore$ 두 기둥의 좌굴하중 비는 1 : 16이다.

따라서, 정답은 선택지의 "④ 640"이다.

15 출제영역 >> 정정구조물 해석   난이도 중   정답 ③

전단력도를 그리면 전단력이 "0"인 점(집중하중 P점)이 최대모멘트 점
이고, 이때 모멘트는 전단력도의 면적이다.

$$\Sigma M_B = V_A \times 3 - 30 \times 2 + 3 \times 1 = 0, \; \therefore V_A = 57/3 = 19$$

$$M_{max} = (19 \times 1) = 19$$

따라서, 정답은 선택지의 "③ 19"이다.

16 출제영역 >> 보의 처짐   난이도 중   정답 ②

우측 단순보를 해석해 B점에 작용하는 반력을 구해서, 좌측 캔틸레버보
B점에 하중으로 작용시켜 B점의 처짐을 다음과 같이 구한다.

$$\delta_B = \frac{PL^3}{3EI} = \frac{6,000 \times 10,000^3}{3(200,000)(5 \times 10^8)} = 20$$

따라서, 정답은 선택지의 "② 20"이다.

17 출제영역 >> 응력과 변형   난이도 중   정답 ③

축부재의 변형에너지를 구하는 문제로 변형에너지는 다음 식과 같다
AC구간의 부재력 N_1 변형 δ_1 및 CB구간의 부재력 N_2 변형 δ_2로 두고,
양단 고정이므로 $\delta_1 + \delta_2 = 0$, $N_2 = N_1 - P$이다.

$$(\delta_1 = \frac{N_1(2L)}{EA}) + (\delta_2 = \frac{(N_1 - P)L}{EA}) = 0, \; \therefore N = \frac{1}{3}P, \; N = -\frac{2}{3}P$$

$$U = \frac{1}{2}P\delta = \Sigma\frac{P^2L}{2EA} = \frac{(\frac{1}{3}P)^2(2L)}{2EA} + \frac{(-\frac{2}{3}P)^2 L}{2EA} = \frac{P^2L}{3EA}$$

따라서, 정답은 선택지의 "③ $\frac{P^2L}{3EA}$"이다.

18 출제영역 >> 응력과 변형   난이도 중   정답 ④

이 축부재의 총 응력은 P/A = 250MPa이고 이것은 우측 그래프에서
200MPa를 초과하므로 두 단계로 나누어 E_1과 E_2를 고려하여 다음과 같
이 변형률을 나누어 계산한다.

$$\varepsilon = \frac{200}{E_1} + \frac{50}{E_2} = \frac{200}{200,000} + \frac{50}{10,000} = 0.006$$

$$\therefore \delta = \varepsilon L = 0.006 \times 1,000 = 6$$

따라서, 정답은 선택지의 "④ 6"이다.

19 출제영역 >> 정정구조물 해석   난이도 중   정답 ③

이 구조물의 BDE는 강체이므로 B점이 하향으로 변형하므로 D점을 기
준으로 반대편에 있는 E점은 위로 이동한다.

따라서, 정답은 선택지의 "③ E점은 아래쪽으로 이동한다."이다.

20 출제영역 >> 보의 처짐   난이도 상   정답 ③

스프링상수(강성도)가 주어져 있으므로, 강성도법으로 구한다.

1) 보의 강성도 : F = kδ에서 $\delta = \frac{PL^3}{48EI}$, $k_b = \frac{48EI}{L^3}$

2) 스프링의 강성도 : k(s)

$$k = k_b + k_s = \frac{48EI}{L^3} + k_s = \frac{48 \times (10000/16)}{10^3} + 1 = 4$$

$$\delta = \frac{P}{k} = \frac{10}{4} = 2.5$$

따라서, 정답은 선택지의 "③ 2.5"이다.

Answer

01	②	02	③	03	②	04	②	05	①
06	③	07	④	08	①	09	③	10	③
11	④	12	②	13	②	14	②	15	④
16	①	17	③	18	④	19	②	20	①

01 　출제영역 >> 철근콘크리트구조　　　　난이도 하　정답 ②

철근콘크리트구조의 휨설계의 기본가정을 묻는 문제로, 선택지 중 옳지 않은 것은 "② ~~압축연단의 극한변형률은 ~~ 경우에는 0.003으로 가정한다."이고, 옳게 수정하면, "~~ 경우에는 0.0033으로 가정한다."이다.

02 　출제영역 >> 철근콘크리트구조　　　　난이도 하　정답 ③

철근콘크리트구조의 강도설계법을 적용하기 위한 계수하중 산정 문제로, 기본식은 1.4D + 1.6L이다. 이 식으로 산정하면,
$V_u = 1.2 \times 200 + 1.6 \times 100 = 400$
$M_u = 1.2 \times 300 + 1.6 \times 150 = 600$
따라서, 정답은 선택지의 "③ 400, 600"이다.

03 　출제영역 >> 철근콘크리트구조　　　　난이도 중　정답 ②

콘크리트의 할선 탄성계수를 묻는 문제로, 탄성계수 식은
$E_c = 8,500 \sqrt[3]{(f_{ck} + \Delta f)}$ 이고, △f는 4이므로
따라서, 정답은 선택지의 "② $E_c = 8,500 \sqrt[3]{34}$ "이다.

04 　출제영역 >> 철근콘크리트구조　　　　난이도 중　정답 ②

기둥의 세부 상세에 관한 내용이며, 이 중 옳지 않은 것은 "② 기둥의 세장비가 커지면 좌굴의 영향이 감소하여 압축하중 지지능력이 증가한다."이고, 바르게 수정하면 "기둥의 세장비가 커지면 좌굴의 영향이 증가하여 압축하중 지지능력이 감소한다."이다.

05 　출제영역 >> 철근콘크리트구조　　　　난이도 중상　정답 ①

복근보에서 등가직사각형 응력블록의 깊이 a는
$a = \dfrac{(A_s - A_s')f_y}{\eta\,0.85 f_{ck} b} = \dfrac{(3,500 - 1,800) \times 400}{0.85 \times 20 \times 400} = 100$
따라서, 정답은 선택지의 "① 100"이다.

06 　출제영역 >> 철근콘크리트구조　　　　난이도 하　정답 ③

슬래브에 대한 내용으로, 선택지 중 옳지 않은 설명은 "③ 네 변 지지되는 직사각형 슬래브 중에서 단변에 대한 장변의 길이의 비가 1.8을 넘으면 1방향 슬래브로 해석한다."이고, 바르게 수정하면 "~~ 단변에 대한 장변의 길이의 비가 2.0을 넘으면 1방향 슬래브로 해석한다."이다.

07 　출제영역 >> 프리스트레스드콘크리트구조　　　　난이도 중　정답 ④

PSC 공법의 종류별 특징들을 설명한 것으로, 선택지 중 옳지 않은 것은 "④ 도관(sheath)은 프리텐션 공법에서 사용된다."이고, 이것을 옳게 수정하면, "도관(sheath)은 포스트텐션 공법에서 사용된다."이다.

08 　출제영역 >> 철근콘크리트구조　　　　난이도 중　정답 ①

T형보의 유효폭을 구하는 문제로 다음 세가지로 계산한다.
$b_{e1} = 16 t_f + b_w = 16 \times 200 + 400 = 3,600$
$b_{e2} =$ 양쪽 슬래브 중심간 거리 $= 1,400$
$b_{e3} =$ 보 경간길이/4 $= (12 \times 1000)/4 = 3,000$
따라서, 정답은 이 셋 중 최소인 "① 1,400"이다.

09 　출제영역 >> 철근콘크리트구조　　　　난이도 중　정답 ③

피복두께를 묻는 문제로 옳지 않은 것은 "③ 흙에 접하여 콘크리트 친 후 영구히 흙에 묻혀 있는 콘크리트: 80 mm"이고, 바르게 수정하면 "~: 75mm"이다.

10 　출제영역 >> 철근콘크리트구조　　　　난이도 중　정답 ③

기둥의 탄성좌굴하중 구하는 문제로, 계산하면 다음과 같다.
$P_{cr} = \dfrac{\pi^2 EI}{(kL)^2} = \dfrac{3^2 \times 200,000 \times 2 \times 10^8}{(1 \times 10,000)^2} = 3,600,000\,[N]$
here, $I = \dfrac{bh^3}{12} = \dfrac{300 \times 200^3}{12} = 2 \times 10^8$
따라서, 정답은 선택지의 "③ 3,600"이다.

11 　출제영역 >> 강구조　　　　난이도 상　정답 ④

강구조의 인장재의 허용응력 설계에 대한 문제로, 순단면적을 구해서 허용응력 이하로 되는 인장력을 계산하면,
$A_n = A_g - ndt + \dfrac{s^2}{4g}t = 1000 - (2 \times 200) + \dfrac{40^2}{4 \times 50} 10 = 680$
인장력 $P \le \sigma_a A_n (= 300 \times 680 = 204,000\,[N] = 204\,[kN])$이다.
따라서, 정답은 선택지의 "④ 204"이다.

12 출제영역 >> 철근콘크리트구조　　　　난이도 중　정답 ②

옹벽 설계에 대한 문제로 선택지에서 옳지 않은 것은 "② 부벽식 옹벽에서 앞벽부과 뒷부벽은 T형보로 설계해야 한다."이며, 바르게 고치면 "부벽식 옹벽에서 앞부벽은 직사각형보 또는 고정보로 설계하고 뒷부벽은 T형보로 설계할 수 있다."이다.

13 출제영역 >> 철근콘크리트구조　　　　난이도 하　정답 ②

철근의 정착길이 최소값은 인장철근 300mm, 압축철근 200mm이므로, 선택지 중 옳은 것은 "② 인장철근: 300 mm 이상, 압축철근: 200 mm 이상"이다.

14 출제영역 >> 철근콘크리트구조　　　　난이도 상　정답 ②

보의 전단철근의 간격을 구하는 문제로, 계수전단력(Vu)에서 콘크리트의 강도(Vc)를 뺀 Vs를 토대로 간격을 계산하면

$$s = A_v f_y \frac{d}{V_s} = 200 \times 400 \times \frac{550}{80} = 550[mm]$$

here, $V_u = \frac{wL}{2} - wd = \frac{50 \times 9}{2} - 50 \times 0.55 = 197.5[kN]$

$$V_c = \frac{1}{6} \lambda \sqrt{f_{ck}} b_w d = 183.3[kN], \quad V_s = \frac{V_u}{\phi} - V_c = 80[kN]$$

그런데, $V_s < \frac{1}{3} \sqrt{f_{ck}} b_w d (= 366.6[kN])$ 이므로, s는 $(\frac{d}{2}, 600)$ 중 작은 값(d/2 = 275)이 되고, 정답은 "② 275"이다.

15 출제영역 >> 프리스트레스드콘크리트구조　　　　난이도 상　정답 ④

하중평형개념의 해석문제로, 1) 주어진 콘크리트 단위중량을 이용하여 자중(Wd)을 구하고, 2) 전체 등분포하중(W)이 등분포 상향력(u)과 같게 되는 P를 다음과 같이 구한다.

1) $w_d = 25 \times (1.0 \times 0.5) = 12.5[kN/m]$, $w_{tot} = w_L + w_d = 30$

2) $u = \frac{8Pe}{l^2} = w_{tot}(=30)$, $\therefore P = \frac{30 \times 20^2}{8 \times 0.3} = 5,000[kN]$

따라서, 정답은 선택지의 "④ 5,000"이다.

16 출제영역 >> 강구조　　　　난이도 중　정답 ①

강구조의 구조용강재의 재료 특성값을 묻는 문제로 기준에 제시도니 구조용강재의 탄성계수는 210,000 MPa이다.
따라서, 옳지 않은 것은 선택지의 "① 탄성계수 200,000 MPa"이다.

17 출제영역 >> 철근콘크리트구조　　　　난이도 상　정답 ③

2방향슬래브에서 등분포하중을 받을 때, 단변과 장변의 하중 분담비는 다음식과 같다.

$$w_S = \frac{l_L^4}{l_L^4 + l_S^4} w = \frac{16}{16+1} w$$

$$w_L = \frac{l_S^4}{l_L^4 + l_S^4} w = \frac{1}{16+1} w$$

따라서, 단변대 장변의 하중 분담비는 선택지의 "③ 16 : 1"이 된다.

18 출제영역 >> 강구조　　　　난이도 중　정답 ④

강구조의 용접에 관한 내용으로 필릿용접의 세칙을 묻는 문제이다. 선택지 중 옳지 않은 것은 "④ 강도를 기반으로 하여 설계되는 필릿용접의 최소길이는 공칭용접치수의 3배 이상으로 하여야 한다."이고, 바르게 수정하면 "④ ~~ 최소길이는 공칭용접치수의 4배 이상으로 하여야 한다."이다.

19 출제영역 >> 프리스트레스드콘크리트구조　　　　난이도 중　정답 ②

PSC구조의 PS 손실 계산에 대한 내용으로 건조수축에 의한 손실은
$\Delta f_{p(sh)} = E_p \varepsilon_{sh} = 2.0 \times 10^5 \times (8 \times 10^{-5}) = 16$이다.
따라서, 정답은 선택지의 "② 16"이다.

20 출제영역 >> 철근콘크리트구조　　　　난이도 중　정답 ①

단철근 직사각형보의 공침모멘트강도를 구하는 문제로

$$M_n = A_s f_y (d - \frac{a}{2}) = 3400 \times 300 \times (550 - \frac{100}{2}) = 510[kN.m]$$

here, $a = \frac{A_s f_y}{0.85 f_{ck} b} = 100[mm]$

따라서, 정답은 선택지의 "① 510"이다.

Answer

01	④	02	③	03	④	04	①	05	②
06	④	07	③	08	②	09	③	10	②
11	③	12	①	13	③	14	④	15	②
16	③	17	①	18	④	19	③	20	④

01　출제영역 >> 철근콘크리트구조　　　　난이도 하　　정답 ④

철근콘크리트구조의 파괴거동을 묻는 문제로, RC구조의 바람직한 파괴유형은 연성파괴이다.

따라서, 선택지 중 옳지 않은 것은 "④ 취성파괴는 철근콘크리트 보의 바람직한 파괴 유형이다."이다.

02　출제영역 >> 철근콘크리트구조　　　　난이도 하　　정답 ③

1방향슬래브의 온도 철근에 관한 문제로, 온도 철근은 휨모멘트를 지지하는 주철근의 직각방향으로 배치하여야 한다.

따라서, 선택지 중 옳지 않은 것은 "③ 휨모멘트를 지지하는 주철근에 평행하게 배치하여야 한다."이다.

03　출제영역 >> 프리스트레스드콘크리트구조　　난이도 중　　정답 ④

철근콘크리트(RC)구조에 비하여 프리스트레스드콘크리트(PSC)구조의 장점을 묻는 문제인데, PSC구조는 고강도 강재를 사용하고 피복두께도 RC보다 크지 않으므로 내화성능에 있어서 RC보다 취약하다.

따라서, 옳지 않은 것은 선택지의 "④ 내화성이 우수하고 날씬한 구조가 가능하다."이다.

04　출제영역 >> 철근콘크리트구조　　　　난이도 중　　정답 ①

콘크리트 재료 특성인 크리프에 관한 문제로, 크리프 변형은 대기 중에 습도가 낮아서 건조하면 증가하게 된다.

따라서, 옳지 않은 것은 선택지의 "① 대기 중의 습도가 증가하면 크리프 변형률은 증가한다."이다.

05　출제영역 >> 강구조　　　　　　　　난이도 상　　정답 ②

강구조의 한계상태설계법에 의한 연결설계기준 세칙에 관한 내용으로, 연결설계 세칙에서 "응력을 전달하는 겹침이음은 2열 이상의 필릿용접을 원칙으로 하고, 겹침길이는 얇은쪽 판 두께의 5배 이상 또한 20 mm 이상으로 한다."고 규정되어 있다.

따라서, 옳지 않은 것은 선택지의 "② 응력을 전달하는 겹침이음은 2열 이상의 필릿용접을 원칙으로 하고, 겹침길이는 얇은쪽 판 두께의 4배 이상 또한 40 mm 이상으로 한다."이다.

06　출제영역 >> 구조설계기준　　　　　　난이도 하　　정답 ④

구조설계기준의 강도감소계수에 대한 문제로, "포스트텐션 정착구역의 강도감소계수는 0.85 이다." 선택지 중 옳지 않은 설명은 "④ 포스트텐션 정착구역의 강도감소계수는 0.70이다."이다.

07　출제영역 >> 철근콘크리트구조　　　　난이도 중　　정답 ③

기초판의 면적을 구하는 문제로, 기초판의 면적은 사용하중을 토대로 산정하며, 정사각형 기초이므로 면적으로부터 한변의 길이를 다음과 같이 구한다.

$$A \geq \frac{P}{q_a} = \frac{1{,}800{,}000}{0.2} = 9{,}000{,}000 [mm^2] = 9 [m^2]$$

한변의 길이는 $\sqrt{9} = 3 [m]$ 이상이다.

따라서, 정답은 선택지의 "③ 3.0"이다.

08　출제영역 >> 철근콘크리트구조　　　　난이도 중　　정답 ②

철근의 이음에 관한 상세를 묻는 문제로, 압축철근의 겹침이음길이는 300mm 이상이다.

따라서, 옳지 않은 것은 선택지의 "② 압축철근의 겹침이음 길이는 200 mm 이상이어야 한다."이다.

09　출제영역 >> 철근콘크리트구조　　　　난이도 중　　정답 ③

강도설계법의 계수하중을 묻는 문제로 강도설계법 하중조합에서 고정하중(D)과 활하중(L)만 작용할 때의 하중 조합은 1.2D + 1.6L이므로, 계산하면 $1.2 * 30 + 1.6 * 60 = 132$이다.

따라서, 정답은 선택지의 "③ 132"이다.

10　출제영역 >> 프리스트레스드콘크리트구조　　난이도 상　　정답 ②

하중평형개념의 중앙단면의 솟음을 구하는 문제로, 보 중앙에서의 프리스트레스 힘으로 인한 상향력 U를 구하고 이 상향력이 집중하중(U)이 작용할 때 단순보의 처짐을 이용하여 솟음을 구하면 다음과 같다.

1) $U = 2P\sin\theta = 2P\dfrac{e}{(L/2)} = \dfrac{4Pe}{L}$

2) $\delta = \dfrac{UL^3}{48EI} = \dfrac{(4Pe/L)L^3}{48EI} = \dfrac{PeL^2}{12EI}$

따라서, 정답은 선택지의 "②"이다.

11 출제영역 >> 철근콘크리트구조　　　　난이도 상　정답 ③

철근콘크리트 기둥의 P-M상관도에 대한 설명으로, 선택지 중 옳지 않은 것은 "③ $e_{min} < e < e_b$인 경우, 부재의 강도는 철근의 압축으로 지배된다."이다. 편심의 조건이 $e_{min} < e < e_b$ 인 경우는 압축지배단면에 해당하고 압축지배단면에서는 콘크리트와 철근이 분담하여 압축강도를 분담하여 지지하고 있다.

따라서, 정답은 선택지의 "③"이다.

12 출제영역 >> 철근콘크리트구조　　　　난이도 중　정답 ①

단철근 직사각형보의 공칭모멘트강도를 구하는 문제로

$$M_n = A_s f_y (d - \frac{a}{2}) = 1700 \times 300 \times (550 - \frac{100}{2}) = 255[kN.m]$$

here, $a = \frac{A_s f_y}{0.85 f_{ck} b} = \frac{1700 \times 300}{0.85 \times 20 \times 300} = 100[mm]$

따라서, 정답은 선택지의 "① 255"이다.

13 출제영역 >> 철근콘크리트구조　　　　난이도 하　정답 ③

옹벽의 안정에 대한 문제로, 관련 기준에서 정하고 있는 옹벽의 전도에 대한 안전율은 2.0이다.

따라서, 선택지 중 옳지 않은 것은 "③ 전도에 대한 저항 휨모멘트는 횡토압에 의한 전도모멘트의 1.5배 이상이어야 한다."이다.

14 출제영역 >> 철근콘크리트구조　　　　난이도 상　정답 ④

기초의 뚫림전단에 대한 위험단면의 둘레 길이를 묻는 문제로 2방향전단에 대한 위험단면은 기둥면에서 d/2 떨어진 위치이므로, 다음 식과 같이 산정된다.

$$b_0 = B + (\frac{d}{2} \times 2) \times 2 + D + (\frac{d}{2} \times 2) \times 2$$
$$= 900 \times 2 + 900 \times 2 = 3600$$

따라서, 정답은 선택지의 "④ 3600"이다.

15 출제영역 >> 철근콘크리트구조　　　　난이도 중　정답 ②

콘크리트의 공칭전단강도 Vc를 묻는 문제로 다음 식과 같다.

$$V_c = \frac{1}{6} \lambda \sqrt{f_{ck}} b_w d = \frac{1}{6} \sqrt{25} \times 300 \times 500 = 125[kN]$$

따라서, 정답은 선택지의 "② 125"이다.

16 출제영역 >> 강구조　　　　난이도 중　정답 ③

필릿용접의 용접부 응력을 구하는 문제로, 용접부가 경사로 형성되어 있어도 단면적은 축에 수직한 길이로 산정하며, 응력은 하중/면적이므로 다음식과 같다.

$$f_w = \frac{P}{A_w} = \frac{400,000}{(200 \times 10)} = 200[MPa]$$

따라서 정답은 선택지의 "③ 200"이다.

17 출제영역 >> 강구조　　　　난이도 상　정답 ①

허용응력설계법의 연결설계에 대한 내용으로, 리벳접합의 허용전단력 R_v는 1) $R_{v1} = n A_b v_a$, 2) $R_{v2} - d\, t\, f_{ba}$ 중 작은 값으로 한다.

각각 계산하면,

1) $R_{v1} = A_r v_a = (\frac{\pi \times 19^2}{4}) \times 150 = 42.53[kN]$

2) $R_{v2} = \phi t\, f_{ba} = (19 \times 10) \times 200 = 38.0[kN]$

이 중에서 정답은 작은 값인 선택지의 "① 38.0"이다.

18 출제영역 >> 철근콘크리트구조　　　　난이도 중　정답 ④

보 단면의 균열휨모멘트를 묻는 문제로 균열모멘트는 다음식과 같이 계산된다.

$$M_n = f_r S = 0.63 \sqrt{25} \times \frac{300 \times 400^2}{6} = 25.2[kN.m]$$

따라서 정답은 선택지 "④ 25.2"이다.

19 출제영역 >> 철근콘크리트구조　　　　난이도 중　정답 ③

인장 이형철근의 정착길이를 구하는 문제이다.
계산식과 그 결과는 다음과 같다.

$$l_d = \frac{0.6 d_b f_y}{\lambda \sqrt{f_{ck}}} = \frac{0.6 \times 25 \times 500}{5} = 1,500 (mm)$$

따라서, 정답은 선택지의 "③ 1,500"이다.

20 출제영역 >> 철근콘크리트구조　　　　난이도 중　정답 ④

균열이 발생하여 중립축 위치가 변경된 철근콘크리트보의 균열단면2차모멘트 계산식을 묻는 문제로 다음식과 같다.

$$I_{cr} = \frac{b x^3}{3} + n A_s (d - x)^2$$

따라서, 정답은 선택지의
"④ $I_{cr} = \frac{(200)(100)^3}{3} + (8)(3,0000)(300 - 100)^2$"이다.

01 출제영역 >> 철근콘크리트구조   난이도 하   정답 ④

철근콘크리트구조의 휨해석 기본가정 사항들을 묻는 문제로, 콘크리트 압축연단의 극한변형률은 0.0033으로 가정한다.
따라서, 선택지 중 옳지 않은 것은 "④ 휨 또는 휨과 압축을 받는 부재에서 콘크리트 압축연단의 극한변형률은 0.003으로 가정한다."이다.

02 출제영역 >> 철근콘크리트구조   난이도 하   정답 ①

1방향슬래브의 상세에 관한 문제로, 일방향슬래브의 최소두께는 100mm 이상으로 하여야 한다.
따라서, 선택지 중 옳지 않은 것은 "① 1방향 슬래브의 두께는 최소 120 mm 이상으로 하여야 한다."이다.

03 출제영역 >> 구조역학   난이도 중   정답 ③

구조부재에 생기는 부재력의 특성에 대하여 묻는 문제로, 전단력이 작용할 때, 직사각형 단면의 전단응력은 단면 내에 포물선으로 분포된다.
따라서, 옳지 않은 것은 선택지의 "③ 전단력이 작용할 때, 직사각형 단면의 전단응력은 단면 내에 균등하게 분포된다."이다.

04 출제영역 >> 철근콘크리트구조   난이도 중   정답 ①

전단설계 문제로 주어진 조건(Vs < 2Vc)인 경우에 수직스터럽의 간격은 {d/2, 600mm}중 작은 값을 사용해야 한다.
따라서, 작은 값은 d/2 = 500/2 = 250이 되고 정답은 선택지의 "① 250"이다.

05 출제영역 >> 철근콘크리트구조   난이도 상   정답 ②

콘크리트의 배합강도를 묻는 문제로 fck가 21 이상~35 이하에 해당하는 경우의 배합강도 fcr = fck + 8.5이다.
$$f_{cr} = f_{ck} + 8.5 = 24 + 8.5 = 32.5$$
따라서, 정답은 선택지의 "② 32.5"이다.

06 출제영역 >> 강구조   난이도 하   정답 ③

볼트 연결에 관한 문제로 고장력 볼트 접합에서 접합부재의 순단면적은 총단면적에서 볼트구멍의 면적을 공제한 면적으로 한다.
따라서, 옳지 않은 것은 선택지의 "③ 고장력 볼트로 연결된 인장부재의 순단면적은 볼트의 단면적을 포함한 전체 단면적으로 한다."이다.

07 출제영역 >> 철근콘크리트구조   난이도 중   정답 ①

압축 철근의 기본정착길이를 구하는 문제로, 다음과 같다.
$$l_d = \frac{0.25\,d_b f_y}{\lambda\sqrt{f_{ck}}} = \frac{0.25 \times 25 \times 400}{5} = 500$$
따라서, 정답은 선택지의 "① 500"이다.

08 출제영역 >> 철근콘크리트구조   난이도 중   정답 ③

옹벽의 부재 설계에 관한 상세를 묻는 문제로, "부벽식 옹벽의 저판은 부벽 사이의 거리를 경간으로 가정한 연속보로 설계할 수 있다."
따라서, 옳지 않은 것은 선택지의 "③ 부벽식 옹벽의 저판은 부벽 사이의 거리를 경간으로 가정한 직사각형보 또는 T형보로 설계할 수 있다."이다.

09 출제영역 >> 철근콘크리트구조   난이도 중   정답 ③

보의 공칭전단강도 Vn 을 묻는 문제로 다음 식과 같다.
$$V_c = \frac{1}{6}\lambda\sqrt{f_{ck}}\,b_w d = \frac{1}{6}5 \times 300 \times 500 = 125[kN]$$
$$V_s = A_v f_{yt}\frac{d}{s} = 200 \times 400 \times \frac{500}{200} = 200[kN]$$
Vn = Vc + Vs이므로, 정답은 선택지의 "③ 325"이다.

10 출제영역 >> 프리스트레스드콘크리트구조   난이도 하   정답 ④

PS의 손실 원인중 시간적 손실 원인을 찾는 문제로, 시간적 손실 원인은 "콘크리트의 크리프, 건조수축 및 강재의 릴렉세이션 등이 있다.
따라서, 정답은 선택지의 "④ 콘크리트의 크리프"이다.

11 출제영역 >> 철근콘크리트구조   난이도 상   정답 ③

보의 사용성 검토를 위해 순간처짐 발생한 후 건조수축과 크리프로 인한 추가 장기처짐을 구하는 문제로, 다음 식과 같다.
$$\lambda_\Delta = \frac{\xi}{1+50\rho'} = \frac{2}{1+(50 \times 0.005)} = 1.6$$
$$\therefore \delta_L = 10 \times 1.6 = 16$$
따라서, 정답은 선택지의 "③ 16"이다.

12 출제영역 >> 기타구조　　난이도 상　**정답** ②

한계상태설계법에 의한 교량설계하중에서 극한한계상태 하중조합 I에 대한 계수휨모멘트구하는 문제로 먼저 계수하중을 구하여 모멘트를 구하는 절차로 다음과 같이 산정된다.

1) $w_u = 1.25 w_D + 1.8 w_L = 1.25 \times 20 + 1.8 \times 15 = 52$

2) $M_u = \dfrac{w_u l^2}{8} = \dfrac{52 \times 8^2}{8} = 416 [kN.m]$

따라서, 정답은 선택지의 "② 416"이다.

13 출제영역 >> 철근콘크리트구조　　난이도 하　**정답** ①

슬래브의 최소두께에 대한 문제로 문제의 조건에 제시된 캔틸레버 지지인 경우 리브가 없는 슬래브의 최소두께는 경간길이의 1/10이다. 이렇게 계산하면 6,000/10 = 600mm가 된다.
따라서, 정답은 선택지의 "① 600"이다.

14 출제영역 >> 철근콘크리트구조　　난이도 상　**정답** ③

단철근보의 공칭 휨강도를 묻는 문제로, 응력블록의 깊이 a를 산정한 후에 다음식과 같이 산정한다.

$M_n = A_s f_y \left(d - \dfrac{a}{2} \right) = 1700 \times 400 \times \left(550 - \dfrac{100}{2} \right) = 340 [kN.m]$

here, $a = \dfrac{A_s f_y}{0.85 f_{ck} b} = 100 [mm]$

따라서, 정답은 선택지의 "③ 340"이다.

15 출제영역 >> 철근콘크리트구조　　난이도 중　**정답** ①

띠철근기둥에서 띠철근의 수직 간격을 구하는 문제로, 다음식과 같이 3가지식으로 산정되고, 이중 최소값이 간격이다.

1) 주철근 지름의 16배 : $16 d_b = 16 \times 25 = 400$

2) 띠철근 지름의 48배 : $48 d_{bh} = 48 \times 10 = 480$

3) 기둥단면 최소치수 : $B = 500$

따라서, 정답은 선택지의 "① 400"이다.

16 출제영역 >> 프리스트레스드콘크리트구조　　난이도 중　**정답** ②

프리스트레스 도입 직후에 긴장재의 인장응력을 구하는 문제로, 도입직후 인장응력은 다음의 두가지 중 작은 값으로 결정된다.

1) $0.74 f_{pu} = 0.74 \times 2000 = 1,480$

2) $0.82 f_{py} = 0.82 \times 1800 = 1,476$

따라서 정답은 선택지의 "② 1,476"이다.

17 출제영역 >> 철근콘크리트구조　　난이도 중　**정답** ④

기초의 조합응력을 구하는 문제로 A지점에 압축응력이 발생하기 위한 최소의 힘은 축응력과 휨응력을 조합하여 0이되면 되므로, 조합응력에서 이 하중을 구하면 된다.

$\dfrac{P}{A} - \dfrac{M}{S} = \dfrac{P}{(3 \times 6)} - \dfrac{50}{(3 \times 6^2 / 6)} = 0, \ \therefore P = 50$

이 중에서 정답은 작은 값인 선택지의 "④ 50"이다.

18 출제영역 >> 철근콘크리트구조　　난이도 상　**정답** ②

T형보에서 등가직사각형 응력블록의 깊이 a를 구하는 문제로, 먼저 T형보의 유효폭을 구하면 2,000이 되고, 이 값을 이용하여 a를 구하면 다음식과 같다.

$a = \dfrac{A_s f_y}{0.85 f_{ck} b} = \dfrac{8000 \times 400}{0.85 \times 30 \times 2000} = 62.75 [mm]$

따라서, 정답은 선택지 "② 62.75"이다.

19 출제영역 >> 철근콘크리트구조　　난이도 중　**정답** ③

기초의 전단에 관한 문제로 1방향 전단에 대한 위험단면에 작용하는 전단력은 기둥면에서 d 떨어진 면적에 작용하는 전단력을 구하면 된다.

$V = A_v q_u = (3000 \times 800) \times 0.3 = 720,000 [N] = 720 [kN]$

따라서, 정답은 선택지 "③ 630"이다.

20 출제영역 >> 강구조　　난이도 중　**정답** ①

그루브용접의 용접부 전단응력을 구하는 문제로 다음식과 같이 구해진다.

$f_v = \dfrac{V}{A} = \dfrac{100,000}{(200 \times 10)} = 50$

따라서, 정답은 선택지의 "① 50"이다.

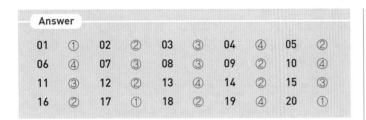

Answer

01	①	02	②	03	③	04	④	05	②
06	④	07	③	08	③	09	②	10	④
11	③	12	②	13	④	14	②	15	③
16	②	17	①	18	②	19	④	20	①

---

01 출제영역 >> 강구조   난이도 하   정답 ①

강구조는 콘크리트에 비해 화재에 약하다.
따라서, 선택지 중 옳지 않은 것은 "① 내화성이 우수하다."이다.

---

02 출제영역 >> 철근콘크리트구조   난이도 하   정답 ②

콘크리트의 피복두께는 콘크리트 표면에서 가장 가까운 철근의 표면까지의 거리이다.
따라서, 선택지 중 옳지 않은 것은 "② 피복두께는 ~ 철근 중심까지의 거리이다."이다.

---

03 출제영역 >> 철근콘크리트구조   난이도 중   정답 ③

콘크리트의 전단설계에서 V_u가 ϕV_c의 1/2 이상인 휨부재에는 최소전단철근을 배치하여야 한다.
따라서, 옳지 않은 것은 선택지의 "③ 계수전단력 V_u가 콘크리트에 의한 설계전단강도 ϕV_c의 1/2 이하인 휨부재에는 최소전단철근을 배치하여야 한다."이다.

---

04 출제영역 >> 철근콘크리트구조   난이도 중   정답 ④

표준갈고리 정착길이 l_{dh}는 항상 $8\,d_b$ 이상, 또한 150 mm 이상이어야 한다.
따라서, 옳지 않은 것은 선택지의 "④ ~ l_{dh}는 항상 $8\,d_b$ 이상, 또한 120 mm 이상이어야 한다."이다.

---

05 출제영역 >> 철근콘크리트구조   난이도 중   정답 ②

비대칭형 반T형보에 있어서 유효 플랜지 폭은 다음과 같다.
$b_e = \min(6t_f + b_w,\ 인접보와\ 내측거리 + b_w,\ l/12 + b_w)$
$= \min(1400,\ 1250,\ 1500) = 1250$
따라서, 정답은 선택지의 "② 1250"이다.

---

06 출제영역 >> 철근콘크리트구조   난이도 하   정답 ④

공칭강도상태에서 단면의 압축력과 인장력은 평형이므로,
$C = T = A_s f_y = 1,500 \times 400 = 600[kN]$
따라서, 정답은 선택지의 "④ 600"이다.

---

07 출제영역 >> 프리스트레스드콘크리트구조   난이도 중   정답 ③

PSC 부재의 하중평형개념에서 PS힘으로 인한 등가 등분포 상향력은 다음 식과 같이 계산된다.
$$u = \frac{8Pe}{l^2} = \frac{8 \times 5000 \times 0.2}{20^2} = 20$$
따라서, 정답은 선택지의 "③ 20"이다.

---

08 출제영역 >> 철근콘크리트구조   난이도 중   정답 ③

띠철근 기둥의 공칭축강도는 $0.8P_o$이고, 중심축하중강도 Po는 $[0.85f_{ck}(A_g - A_{st}) + f_y A_{st}]$이다.
따라서, 정답은 선택지의 "③ $0.80[0.85f_{ck}(A_g - A_{st}) + f_y A_{st}]$"이다.

---

09 출제영역 >> 철근콘크리트구조   난이도 중   정답 ②

수축·온도철근의 간격은 슬래브 두께의 5배 이하, 또한 450 mm 이하로 하여야 한다.
따라서, 옳지 않은 것은 "② ~두께의 3배 이하, 또한 500 mm 이하로 ~~한다."이다.

---

10 출제영역 >> 철근콘크리트구조   난이도 하   정답 ④

기둥의 축방향 주철근량은 단면적의 1%~8%이다.
따라서, 정답은 선택지의 "④ 2,000, 16,000"이다.

---

11 출제영역 >> 프리스트레스드콘크리트구조   난이도 상   정답 ③

정착부 활동으로 인한 프리스트레스 손실량은 다음식과 같다
$$\Delta f_{p(sl)} = E_p \varepsilon_{sl} = E_p \frac{\Delta l}{l} = 200,000 \times \frac{3}{20,000} = 30$$
따라서, 정답은 선택지의 "③ 30"이다.

---

12 출제영역 >> 철근콘크리트구조   난이도 상   정답 ②

기초판에 작용하는 등분포 하중을 구해서 모멘트를 구한다.
1) $q_u = \dfrac{P_u}{A} = \dfrac{1,960}{(3.5 \times 3.5)} = 160 kN/m^2$
2) $M_u = \dfrac{w_u l_n^2}{8} = \dfrac{(160 \times 3.5) \times 2^2}{8} = 280$
따라서, 정답은 선택지의 "② 280"이다.

13 출제영역 >> 철근콘크리트구조 난이도 상 정답 ④

전단철근을 배근하지 않는 경우는 Vu ≤ (φVc/2)이므로,

$$V_u \leq \phi \frac{1}{2} \frac{1}{6} \sqrt{f_{ck}} b_w d$$

$$\rightarrow d \geq \frac{12\,V_u}{\phi \sqrt{f_{ck}}\, b_w} = \frac{12 \times 75 \times 10^3}{0.75 \times \sqrt{25} \times 400} = 600$$

따라서, 정답은 선택지의 "④ 600"이다.

14 출제영역 >> 강구조 난이도 중 정답 ②

총단면의 항복한계상태에 대한 공칭인장강도 P_n은,

$$P_n = A_g F_y = 300 \times 355 = 106.5[kN]$$

따라서, 정답은 "② 106.5"이다.

15 출제영역 >> 철근콘크리트구조 난이도 중 정답 ③

기초판 윗면부터 하부철근까지 깊이는 1) 직접기초의 경우는 150 mm 이상, 2) 말뚝기초의 경우는 300 mm 이상으로 하여야 한다.

따라서, 선택지 중 옳지 않은 것은 "③ ~ 직접기초의 경우는 100 mm 이상, 말뚝기초의 경우는 400 mm 이상~."이다.

16 출제영역 >> 프리스트레스드콘크리트구조 난이도 상 정답 ②

$$f_b = \frac{P}{A} + \frac{Pe}{S} - \frac{M}{S} = \frac{P}{(bh)}\left(1 + \frac{6e}{h}\right) - \frac{wl^2/8}{bh^2/6} = 0$$

$$\frac{P}{(0.6)}\left(1 + \frac{6 \times 0.25}{1}\right) - \left(\frac{40 \times 10^2 \times 3}{0.6 \times 1^2 \times 4}\right) = 0, \ \therefore P = 1200$$

따라서, 정답은 선택지의 "② 1,200"이다.

17 출제영역 >> 철근콘크리트구조 난이도 중 정답 ①

인장 이형철근의 정착길이는 다음 식과 같다.

$$l_d = \frac{0.6\, d_b f_y}{\lambda \sqrt{f_{ck}}} = \frac{0.6 \times 32 \times 400}{5} = 1,536\,(\text{mm})$$

따라서, 정답은 선택지의 "① 1,536"이다.

18 출제영역 >> 철근콘크리트구조 난이도 중 정답 ②

옹벽의 활동에 대한 안정 해석으로 다음 식과 같다.

$$SF_{sl} = \frac{\mu\,W}{H} \geq 1.5, \ \therefore H \leq \frac{\mu\,W}{1.5} = \frac{0.5 \times 240}{1.5} = 80$$

따라서, 정답은 선택지의 "② 80"이다.

19 출제영역 >> 철근콘크리트구조 난이도 중 정답 ④

직접설계법 적용 조건에서 "각 방향으로 연속한 받침부 중심간 경간 길이의 차이는 긴경간의 1/3 이하이어야 한다."

따라서 정답은 선택지의 "④~짧은 경간의 1/2 이하~"이다.

20 출제영역 >> 철근콘크리트구조 난이도 중 정답 ①

원형기둥의 유효세장비는

$$\lambda = \frac{kl}{r} = \frac{kl}{\sqrt{I/A}} = \frac{0.5\,l}{R/2} = \frac{4000}{200/2} = 40$$

따라서, 정답은 선택지의 "① 40"이다.

Answer

01	④	02	②	03	④	04	②	05	③
06	①	07	③	08	②	09	②	10	③
11	②	12	③	13	①	14	④	15	③
16	④	17	②	18	③	19	②	20	①

01 　출제영역 ≫ 철근콘크리트구조　　난이도 하　정답 ④

설계법의 발전 순서는 1) 허용응력설계법 → 2) 강도설계법 → 3) 한계상태설계법 이다.
따라서, 선택지 중 옳지 않은 것은 "④ ~강도설계법 → 허용응력설계법 → 한계상태설계법 순서로 발전되었다."이다.

02 　출제영역 ≫ 강구조　　난이도 중　정답 ②

강구조 한계상태설계에서 인장재의 유효순단면의 파단에 대한 강도저항계수 ϕ_t는 0.75이다.
따라서, 선택지 중 옳지 않은 것은 "② 인장재의 유효순단면의 파단에 대한 강도저항계수 $\phi_t = 0.85$"이다.

03 　출제영역 ≫ 철근콘크리트구조　　난이도 중　정답 ④

인장지배단면은 콘크리트 압축연단 극한변형률인 0.0033에 도달할 때 ϵ_t가 0.005 이상인 단면을 말한다.
따라서, 옳지 않은 것은 선택지의 "④ ~ 순인장변형률 ϵ_t가 0.004인 단면은 인장지배단면으로 분류된다."이다.

04 　출제영역 ≫ 프리스트레스드콘크리트구조　　난이도 하　정답 ②

PS의 즉시손실은 정착장치의 활동, 강재와 쉬스사이의 마찰, 콘크리트 탄성수축이다.
따라서, 정답은 선택지의 "② ㄱ, ㄹ, ㅂ"이다.

05 　출제영역 ≫ 철근콘크리트구조　　난이도 중　정답 ③

균형단면의 $\varepsilon_{cu} = 0.0033$, $\varepsilon_y = \dfrac{440}{200,000} = 0.0022$이므로, 변형률 삼각형의 비례식으로 $0.0033 : c = 0.0022 : (d - c)$이다.
d = 450이므로, 식을 풀면 c는 270이 된다.
따라서, 정답은 선택지의 "③ 270"이다.

06 　출제영역 ≫ 프리스트레스드콘크리트구조　　난이도 중　정답 ①

비균열등급은 인장연단의 응력이 $0.63\sqrt{f_{ck}}$ 이하인 것이다.
따라서, 정답은 선택지의 "① $f_t \le 0.63\sqrt{f_{ck}}$"이다.

07 　출제영역 ≫ 철근콘크리트구조　　난이도 중　정답 ③

① ~ 인장 이형철근의 기본정착길이는 $l_{db} = \dfrac{0.6\, d_b f_y}{\sqrt{f_{ck}}}$이다.
② 3개 다발철근의 정착길이는 ~ 20% 증가시켜야 한다.
④ 갈고리 정착은 압축철근의 정착에 유효하지 않다.
따라서, 정답은 선택지의 "③"이다.

08 　출제영역 ≫ 철근콘크리트구조　　난이도 중　정답 ②

1방향 슬래브 근사해법 적용조건은 "인접 2경간의 차이가 짧은 경간의 20 % 이하인 경우"이다
따라서, 옳지 않은 것은 "②"이다.

09 　출제영역 ≫ 강구조　　난이도 하　정답 ②

강재 기둥의 좌굴하중은 단순지지 조건인 경우 유효좌굴길이계수가 1이므로, 선택지의 ② $\dfrac{\pi^2 EI}{(l_u)^2}$"이다.

10 　출제영역 ≫ 철근콘크리트구조　　난이도 상　정답 ③

변형률이 동일하므로, $f_c = E_c \varepsilon$, $f_s = E_s \varepsilon$이다.
$\varepsilon = \dfrac{f_c}{E_c} = \dfrac{f_s}{E_s}$, $\therefore f_c = \dfrac{E_c}{E_s} f_s = \dfrac{1}{n} f_s = \dfrac{1}{8} 160 = 20$
따라서, 정답은 "③ 20"이다.

11 　출제영역 ≫ 철근콘크리트구조　　난이도 중　정답 ②

전단철근이 부담하는 전단강도는 다음식과 같으므로,
$V_s = A_v f_y \dfrac{d}{s}$, $\therefore d = \dfrac{V_s s}{A_v f_y} = \dfrac{600,000 \times 200}{500 \times 400} = 600$
따라서, 정답은 선택지의 "② 600"이다.

12 　출제영역 ≫ 철근콘크리트구조　　난이도 중　정답 ③

장기처짐계수값과 추가 장기처짐량은 다음식과 같다.
$\lambda_\Delta = \dfrac{\xi}{1 + 50\rho'} = \dfrac{2}{1 + 50 \times 0.02} = 1$, $\therefore \delta_L = 1 \times \delta_e = 8$
따라서, 정답은 선택지의 "③ 8.0"이다.

13 　출제영역 ≫ 프리스트레스드콘크리트구조　　난이도 중　정답 ①

포물선 배치 긴장재의 등가등분포상향력 u는 다음과 같다.
$u = \dfrac{8\, Pe}{L^2} = \dfrac{8 \times 4,000 \times 0.4}{20^2} = 40$
따라서, 정답은 선택지의 "① 40"이다.

14 출제영역 >> 철근콘크리트구조   난이도 중   정답 ④

균열은 적정 피복두께보다 너무 클 경우에는 오히려 커진다.
따라서, 정답은 선택지의 "④ 철근의 순피복 두께를 크게 한다."이다.

15 출제영역 >> 철근콘크리트구조   난이도 상   정답 ③

계수전단력을 구해서 V_c를 뺀 나머지가 V_s이다.

$$V_u = \frac{w_u l}{2} - wd = \frac{60 \times 10}{2} - 60 \times 0.6 = 264[kN]$$

$$V_c = \frac{1}{6} \lambda \sqrt{f_{ck}}\, b\, d = \frac{1}{6} \times 5 \times 400 \times 600 = 200[kN]$$

$$V_s = \frac{V_u}{\phi} - V_c = \frac{264}{0.75} - 200 = 152[kN]$$

따라서, 선택지 중 정답은 "③ 152"이다.

16 출제영역 >> 철근콘크리트구조   난이도 상   정답 ④

T형보를 직사각형보로 해석하기 위해서는 a가 tf이내이므로,

$$a = \frac{A_s f_y}{0.85 f_{ck} b} \leq t_f (100), \quad \therefore A_s = \frac{0.85 f_{ck}\, b\, t_f}{f_y} = 3,400$$

따라서, 정답은 선택지의 "④ 3,400"이다.

17 출제영역 >> 철근콘크리트구조   난이도 중   정답 ②

편심거리 e가 b/3 이내이므로 양쪽 모두 서로 크기가 다른(편심) 압축
응력상태이다.
따라서, 정답은 선택지의 "②"이다.

18 출제영역 >> 철근콘크리트구조   난이도 중   정답 ③

B급이음의 겹침이음길이는 정착길이의 1.3배 이므로,

$$l_s = 1.3 l_d = 1.3 \frac{0.6\, d_b f_y}{\lambda \sqrt{f_{ck}}} = 1.3 \frac{0.6 \times 25 \times 400}{5} = 1,560\,(\text{mm})$$

따라서, 정답은 선택지의 "③ 1,560"이다.

19 출제영역 >> 강구조   난이도 중   정답 ②

필릿용접의 용접부 전단응력은 다음 식과 같다.

$$f_v = \frac{P}{A_w} = \frac{1,050,000}{(7 \times 250) \times 2} = 300$$

따라서 정답은 선택지 "② 300"이다.

20 출제영역 >> 교량설계기준   난이도 중   정답 ①

설명 내용은 교량설계기준의 극한한계상태에 해당한다.
따라서, 정답은 선택지의 "① 극한한계상태"이다.

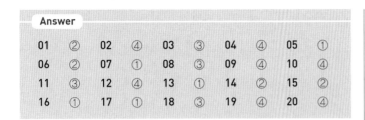

Answer

01	②	02	④	03	③	04	④	05	①
06	②	07	①	08	③	09	④	10	④
11	③	12	④	13	①	14	②	15	②
16	①	17	①	18	③	19	④	20	④

01 출제영역 >> 프리스트레스드콘크리트구조   난이도 하   정답 ②

PSC는 단면의 크기가 RC에 비해 상대적으로 작으므로 단면의 강성이 더 작게 되고 따라서 변형과 진동에 더 불리하다.
따라서, 선택지 중 옳지 않은 것은 "② PSC는 RC에 비하여 강성이 크므로 변형이 작고, 진동이 적게 발생한다."이다.

02 출제영역 >> 철근콘크리트구조   난이도 중   정답 ④

무근콘크리트의 강도감소계수는 부재에 관계없이 0.55이다.
따라서, 선택지 중 옳지 않은 것은 "④ 무근콘크리트의 휨모멘트, 압축력, 전단력은 0.65를 적용한다."이다.

03 출제영역 >> 철근콘크리트구조   난이도 중   정답 ③

표준갈고리의 수평 정착길이는 다음식과 같다.
$$l_{dh} = \frac{0.24\,d_b f_y}{\sqrt{f_{ck}}} = \frac{0.24 \times 10 \times 400}{5} = 196$$
따라서, 정답은 선택지의 "③ 196"이다.

04 출제영역 >> 콘크리트구조   난이도 하   정답 ④

압축부재의 축방향 주철근의 최소 개수는 사각형이나 원형 띠철근으로 둘러싸인 경우 4개 이다.
따라서, 정답은 선택지의 "④~띠철근의 경우 6개로 한다."이다.

05 출제영역 >> 철근콘크리트구조   난이도 중   정답 ①

콘크리트의 탄성계수를 구하여 탄성계수비 n을 계산하면,
$$E_c = 8,500 \sqrt[3]{(f_{ck} + \Delta f)} = 25500, \quad \therefore n = \frac{E_s}{E_c} = \frac{200000}{25500} = 7.8$$
따라서, 정답은 선택지의 "① 7.8"이다.

06 출제영역 >> 철근콘크리트구조   난이도 중   정답 ②

유효깊이는 철근의 도심까지의 거리이므로, 500 − 450 = 50이고, 50을 2 : 3으로 나누면 20 : 30이므로, 도심은 위쪽 철근중심에서 20 mm 위치이다.
따라서, 정답은 선택지의 "② 470"이다.

07 출제영역 >> 철근콘크리트구조   난이도 하   정답 ①

네변 지지 2방향 슬래브 중에서 단변에 대한 장변의 비가 2를 초과한 경우에 1방향 슬래브로 해석한다.
따라서, 옳지 않은 것은 선택지의 "①"이다.

08 출제영역 >> 철근콘크리트구조   난이도 상   정답 ③

콘크리트의 배합강도는(시험 30회 이상) 다음 두식 중 큰값
1) $f_{cr} = f_{ck} + 1.34s = 24 + 1.34 \times 2 = 26.68$
2) $f_{cr} = (f_{ck} - 3.5) + 2.33s = (24 - 3.5) + 2.33 \times 2 = 25.16$
따라서, 정답은 선택지의 "③ 26.68"이다.

09 출제영역 >> 철근콘크리트구조   난이도 중   정답 ④

기초판의 1방향전단력과 2방향전단력은
$V_{u(1)} = q_u A_{(1)}$, $V_{u(2)} = q_u A_{(2)}$이므로 전단력의 비는 단면적의 비가 되며, 1방향전단과 2방향전단에 대한 단면적은
$A_{(1way)} = 4 \times (1.5 - 1) = 2\,[m^2]$
$A_{(2way)} = (4 \times 4) - (2 \times 2) = 12\,[m^2]$이다.
따라서 선택지의 "④ 6"이다.

10 출제영역 >> 프리스트레스드콘크리트구조   난이도 하   정답 ④

PS손실에서 정착장치의 활동에 의한 손실은 포스트텐션 방식에 나타나는 현상이다.
따라서, 옳지 않은 것은 "④ 프리텐션 방식에서는 프리스트레스 도입시에 정착장치의 활동에 의한 손실을 고려하고 있다."이다.

11 출제영역 >> 철근콘크리트구조   난이도 중   정답 ③

철근의 겹침이음에서 D35를 초과하는 철근끼리는 겹침이음을 할 수 없다.
따라서, 옳지 않은 것은 선택지의 "③ D35를 초과하는 철근끼리도 겹침이음을 할 수 있다."이다.

12 출제영역 >> 철근콘크리트구조   난이도 중   정답 ④

1방향슬래브의 최소두께는 100mm이고, 처짐계산하지 않는 경우의 1방향 단순지지 슬래브의 최소 두께는 ln/20이며, 철근의 설계기준항복강도 f_y가 400MPa 이외의 경우에는 다음 식과 같이 보정하여 산정한다.
$$t_s = \frac{l}{20}\left(0.43 + \frac{f_y}{700}\right) = \frac{l}{20}\left(0.43 + \frac{350}{700}\right) = \frac{l}{20}(0.93) = \frac{l}{21.5}$$
따라서, 정답은 선택지의 "④ $\frac{l}{21.5}$ 와 100 mm 중 큰 값"이다.

13 　출제영역 >> 강구조　　　　　　난이도 중　정답 ①

한계상태설계법에 의한 강구조 이음부 설계세칙에서, 응력을 전달하는 단속모살용접이음부의 길이는 모살사이즈의 10배 이상 또한 30 mm 이상을 원칙으로 한다.

따라서, 옳지 않은 것은 선택지의 "① 응력을 전달하는 단속모살용접이음부의 길이는 모살사이즈의 5배 이상 또한 30 mm 이상을 원칙으로 한다."이다.

14 　출제영역 >> 철근콘크리트구조　　　　난이도 중　정답 ②

특별한 조건이 주어지지 않는 경우의 전단철근의 최대 간격은 min{d/2 이상, 600mm 이상}이다.

따라서, 정답은 선택지의 "② 300"이다.

15 　출제영역 >> 철근콘크리트구조　　　　난이도 중　정답 ②

반 T형보의 유효폭은 선택지에서 ②를 제외한 나머지 3가지의 경우이다.

따라서, 정답은 선택지의 "② 양쪽 슬래브의 중심간 거리"이다.

16 　출제영역 >> 프리스트레스드콘크리트구조　　난이도 상　정답 ①

$$f_b = \frac{P}{A} + \frac{Pe}{S} - \frac{M}{S} = \frac{P}{(bh)}(1+\frac{6e}{h}) - \frac{wl^2/8}{bh^2/6} = 0$$

$$= \frac{6,000,000}{(600 \times 1,000)}(1+\frac{6\times 30}{1,000}) - (\frac{30\times 10^2 \times 3}{600 \times 1000^2 \times 4}) = 30.25$$

따라서, 정답은 선택지의 "① 30.25"이다.

17 　출제영역 >> 철근콘크리트구조　　　　난이도 중　정답 ①

T형보에서 플래지의 두께가 등가 직사각형 응력블록의 깊이 a보다 크면 플랜지의 폭을 콘크리트 단면으로 하는 직사각형 보로 설계한다. 따라서 정답은 선택지의 "① b = 1,200 mm를 폭으로 하는 직사각형 단면보로 설계한다."이다.

18 　출제영역 >> 철근콘크리트구조　　　　난이도 상　정답 ③

활동에 대한 안정은 1)흙의 수평하중 H보다 2)옹벽의 저항중량 μW가 (안전율 이상) 더 크면 된다.

1) $H = \frac{1}{2}K_a\gamma_s h^2 = \frac{1}{2} \times 0.4 \times 20 \times h^2 = 4h^2$

2) $W = \gamma_c V = 24 \times (23+17) \times h/2 = 480h$

3) $SF(2.0) \leq \frac{\mu W}{H}, \quad \therefore 2.0 \times 4h^2 \leq 0.5 \times 480h, \quad \therefore h \leq 3$

따라서, 정답은 선택지의 "③ 3.0"이다.

19 　출제영역 >> 강구조　　　　　　난이도 상　정답 ④

필릿용접의 용접부 설계강도는 다음 식과 같다.

$$\phi R_n = 0.9(0.6F_y A_w) = 0.9 \times 0.6 \times 355 \times 840 = 161.0$$

$$\text{here, } A_w = al_e = (0.7s)(l-2s) \times 2 = 840$$

따라서 정답은 선택지 "④ 161.0"이다.

20 　출제영역 >> 교량설계기준　　　　난이도 중　정답 ④

④의 설명 내용은 "콤팩트단면"에 해당한다.

따라서, 정답은 선택지의 "④ 비콤팩트단면"이다.

제
06
회

제 **07** 회 **토목설계 정답 및 해설**

Answer

01	③	02	①	03	③	04	④	05	③
06	②	07	①	08	②	09	④	10	③
11	②	12	②	13	②	14	④	15	①
16	④	17	②	18	①	19	③	20	④

01 출제영역 >> 철근콘크리트구조   난이도 하   정답 ③

콘크리트 설계기준강도가 $f_{ck} = 40$ MPa 이하 일 때, β_1은 0.8이다.
따라서, 정답은 선택지의 "③ 0.80"이다.

02 출제영역 >> 철근콘크리트구조   난이도 하   정답 ①

인장철근량이 많아 철근이 항복하지 않을 때 일어나는 파괴는 취성파괴이다.
따라서, 옳지 않은 것은 "① 연성파괴는 인장철근량이 많아 철근이 항복하지 않을 때 일어나는 파괴 유형이다."이다.

03 출제영역 >> 철근콘크리트구조   난이도 중   정답 ③

콘크리트의 할선 탄성계수는 다음식과 같이 산정된다.
$$E_c = 8,500 \sqrt[3]{(f_{ck} + \Delta f)} = 8,500 \sqrt[3]{(23 + 4)} = 25500$$
따라서, 정답은 선택지의 "③ 2.55×10^4"이다.

04 출제영역 >> 철근콘크리트구조   난이도 하   정답 ④

동일한 철근량을 사용할 경우 지름이 큰 철근보다 지름이 작은 철근을 사용하는 것이 부착에 유리하다.
따라서, 정답은 선택지의 "④ ~~ 지름이 작은 철근보다 지름이 큰 철근을 사용하는 것이 부착에 유리하다."이다.

05 출제영역 >> 철근콘크리트구조   난이도 상   정답 ③

T형보로 계산 여부 확인
$$a = \frac{A_s f_y}{\eta \, 0.85 f_{ck} b} = \frac{4,250 \times 400}{0.85 \times 20 \times 800} = 125 \geq t_f \quad \therefore T형보$$
$$A_{sw} = A_s - A_{sf} = 5,100 - 1,700 = 3,400$$
$$a = \frac{(A_s - A_{sf}) f_y}{\eta \, 0.85 f_{ck} b_w} = \frac{3,400 \times 400}{0.85 \times 20 \times 400} = 200$$
따라서, 정답은 선택지의 "③ 200"이다.

06 출제영역 >> 철근콘크리트구조   난이도 중   정답 ②

시료채취기준에서 체적기준은 120 m³당 1회 이상이다.
따라서, 정답은 선택지의 "② 200 m³당 1회 이상"이다.

07 출제영역 >> 철근콘크리트구조   난이도 중   정답 ①

기둥의 공칭축하중강도는 띠철근 기둥의 경우 0.8Po이다.
$$P_n = 0.8 P_o = 0.8 [0.85 f_{ck} (A_g - A_{st}) + (f_y A_{st})]$$
$$= 0.8 \times [0.85 \times 20 \times (250000 - 10000) + (400 \times 10000)]$$
$$= 6,464,000 [N] = 6,464 [kN]$$
따라서, 정답은 선택지의 "① 6,464"이다.

08 출제영역 >> 철근콘크리트구조   난이도 중   정답 ②

T형보 플랜지의 유효폭은 다음식과 같다.
$$b_e = \min(16 t_f + b_w, \text{양슬래브 중심거리}, l/4)$$
$$= \min(2000, \ 1900, \ 2500)$$
따라서, 정답은 선택지의 "② 1,900"이다.

09 출제영역 >> 철근콘크리트구조   난이도 상   정답 ④

기초판의 위험단면의 길이 $l = (4.5 - 05)/2 = 2.0$
$$M_u = \frac{w l^2}{2} = \frac{(q \times B) \times l^2}{2} = \frac{(120 \times 4.5) \times 2^2}{2} = 1080$$
따라서, 정답은 선택지의 "④ 1,080"이다.

10 출제영역 >> 철근콘크리트구조   난이도 중   정답 ③

압축철근이 없으므로 압축철근비 = 0으로 산정하며,
$$\lambda_\Delta = \frac{\xi}{1 + 50 \rho'} = \frac{2}{1 + (50 \times 0)} = 2$$
따라서, 정답은 선택지의 10 * 2 = 20 "③ 20"이다.

11 출제영역 >> 철근콘크리트구조   난이도 중   정답 ②

유효세장비는 다음 식과 같다.
$$\lambda = \frac{kL}{r} = \frac{2.0 \, L}{(d/4)} = \frac{2 \times 1000}{20} = 50$$
따라서, 정답은 선택지의 "② 50"이다.

12 출제영역 >> 강구조   난이도 중   정답 ②

접합부 설계에서 블록전단파단의 경우 한계상태에 대한 설계강도는 전단저항과 인장저항의 합으로 산정한다.
따라서, 옳지 않은 것은 선택지의 "②"이다.

13 출제영역 >> 철근콘크리트구조   난이도 중   정답 ②

비틀림철근 상세에서 횡방향 비틀림철근은 종방향 철근 주위로 135° 표준갈고리에 의하여 정착하여야 한다.
따라서, 옳지 않은 것은 선택지의 "②"이다.

14 출제영역 >> 프리스트레스드콘크리트구조　　　난이도 중　정답 ④

응력개념에서 지간 중앙의 하단에 응력이 생기지 않으며,

$$f_b = \frac{P}{A} - \frac{M}{S} = 0, \quad \therefore \frac{1000}{(0.5 \times 0.6)} = \frac{M}{(0.5 \times 0.6^2)/6} = 0$$

$\therefore M = 100 \ [\text{kN.m}]$

따라서, 정답은 선택지의 "④ 100"이다.

15 출제영역 >> 철근콘크리트구조　　　난이도 상　정답 ①

PS손실 중 시간적손실의 원인은 콘크리트의 크리프, 건조수축 및 강재의 릴렉세이션이다.

따라서, 정답은 선택지의 "① 콘크리트의 크리프"이다.

16 출제영역 >> 강구조　　　난이도 상　정답 ④

1) 전단 : $(A_r v_a)n \geq 550 \quad \therefore n \geq \dfrac{550,000}{(\pi 10^2 v_a) \times 2} = 8.75$

2) 지압 : $(A_b f_{ba}n \geq 550 \quad \therefore n \geq \dfrac{550,000}{(16 \times 20) \times 150} = 11.46$

따라서, 정답은 선택지의 "④ 12"이다.

17 출제영역 >> 강구조　　　난이도 중　정답 ②

볼트구멍이 엇모배치의 경우 $A_g - 2 \cdot d \cdot t + \dfrac{s^2}{4g} \cdot t$이다.

따라서, 정답은 선택지의 "②"이다.

18 출제영역 >> 철근콘크리트구조　　　난이도 중　정답 ①

콘크리트가 부담하는 공칭전단강도는

$$V_c = \frac{1}{6} \lambda \sqrt{f_{ck}} \, b_w d = \frac{5 \times 300 \times 500}{6} = 125,000 \, [N] = 125 \, [kN]$$

따라서, 정답은 선택지의 "① 125"이다.

19 출제영역 >> 철근콘크리트구조　　　난이도 중　정답 ③

기초의 조합응력에 대한 허용지지력 식은 다음 식과 같다.

$$q_a = \frac{Q}{A} + \frac{Qe}{S} = \frac{Q}{(4 \times 5)} + \frac{Q \times 0.5}{(4 \times 5^2/6)} \leq 60 \quad \therefore Q \leq 750$$

따라서, 정답은 선택지의 "③ 750"이다.

20 출제영역 >> 프리스트레스드콘크리트구조　　　난이도 중　정답 ④

하중평형개념의 등분포상향력은 다음 식과 같다.

$$u = \frac{8Pe}{L^2} = \frac{8 \times 1,500 \times 0.4}{10^2} = 48$$

따라서, 정답은 선택지의 "④ 48"이다.

제07회

빠른 정답 찾기

응용역학개론

1회

01. ④	02. ②	03. ②	04. ①	05. ③
06. ②	07. ③	08. ④	09. ③	10. ④
11. ②	12. ③	13. ②	14. ③	15. ④
16. ③	17. ①	18. ④	19. ①	20. ②

2회

01. ②	02. ①	03. ②	04. ④	05. ③
06. ①	07. ③	08. ③	09. ①	10. ④
11. ②	12. ③	13. ①	14. ②	15. ②
16. ④	17. ①	18. ③	19. ①	20. ③

3회

01. ③	02. ②	03. ④	04. ④	05. ②
06. ④	07. ②	08. ③	09. ③	10. ①
11. ②	12. ④	13. ①	14. ③	15. ③
16. ①	17. ④	18. ③	19. ②	20. ③

4회

01. ④	02. ④	03. ②	04. ②	05. ③
06. ③	07. ④	08. ③	09. ①	10. ②
11. ③	12. ①	13. ①	14. ②	15. ④
16. ①	17. ④	18. ②	19. ④	20. ①

5회

01. ④	02. ③	03. ④	04. ③	05. ①
06. ②	07. ②	08. ②	09. ③	10. ④
11. ①	12. ①	13. ①	14. ④	15. ②
16. ③	17. ③	18. ②	19. ④	20. ①

6회

01. ②	02. ③	03. ②	04. ②	05. ①
06. ②	07. ①	08. ①	09. ④	10. ③
11. ③	12. ④	13. ②	14. ②	15. ④
16. ③	17. ③	18. ④	19. ③	20. ④

7회

01. ①	02. ②	03. ③	04. ②	05. ②
06. ①	07. ①	08. ④	09. ②	10. ④
11. ①	12. ④	13. ③	14.	15. ③
16. ②	17. ③	18.	19.	20. ③

토목설계

1회

01. ②	02. ③	03. ②	04. ②	05. ①
06. ③	07. ④	08. ①	09. ③	10. ③
11. ②	12. ①	13. ②	14. ②	15. ④
16. ①	17. ③	18. ④	19. ①	20. ②

2회

01. ④	02. ③	03. ④	04. ①	05. ②
06. ④	07. ③	08. ①	09. ③	10. ②
11. ①	12. ①	13. ③	14. ①	15. ①
16. ①	17. ①	18. ④	19. ③	20. ④

3회

01. ②	02. ①	03. ③	04. ①	05. ②
06. ①	07. ①	08. ③	09. ③	10. ④
11. ③	12. ②	13. ①	14. ③	15. ①
16. ②	17. ④	18. ②	19. ③	20. ①

4회

01. ①	02. ②	03. ③	04. ④	05. ②
06. ④	07. ③	08. ③	09. ②	10. ④
11. ②	12. ②	13. ④	14. ②	15. ③
16. ②	17. ①	18. ①	19. ④	20. ②

5회

01. ①	02. ②	03. ④	04. ②	05. ③
06. ①	07. ③	08. ②	09. ③	10. ④
11. ②	12. ①	13. ①	14. ①	15. ①
16. ①	17. ②	18. ③	19. ②	20. ①

6회

01. ②	02. ④	03. ③	04. ④	05. ①
06. ①	07. ①	08. ③	09. ④	10. ④
11. ③	12. ④	13. ①	14. ②	15. ②
16. ①	17. ①	18. ③	19. ④	20. ④

7회

01. ③	02. ①	03. ③	04. ④	05. ③
06. ②	07. ①	08. ②	09. ④	10. ③
11. ②	12. ②	13. ②	14. ④	15. ①
16. ④	17. ②	18. ①	19. ③	20. ④

김현 교수

주요 약력
- ㈜바로구조안전기술사사무소 부설 연구소장
- 건축기사 출제위원(건축구조)
- 한국연구재단 연구과제 선정 및 평가위원
- 친환경건축물 인증 심의위원
- 주택성능인증 심사위원
- 국가기술표준원 KS (건축 및 토목 기술 분야) 제정 및 개정 심의 위원
- 환경부 토목환경신기술 심사위원
- 국토부 건설신기술 심사위원
- 대덕연구단지 OO연구원 수석연구원 역임
- 공기업 OO공사 구조설계부서 근무(구조설계, 내진설계 실무 및 안전진단 업무)
- 충남대 공대 건축학과 강사 · 겸임교수(구조역학, 철근콘크리트구조, 철골구조 강의)
- The University of Auckland 토목공학과 교환교수(Visiting scholar)
- 고려대 건축공학과 대학원 졸업(건축구조공학 전공 박사과정 수료)
- 現. 박문각 공무원 건축직, 토목직 대표 강사

주요 저서
- 토목직 응용역학 기본서(박문각)
- 토목직 토목설계 기본서(박문각)
- 건축직 건축구조 기본서(박문각)
- 토목직 실전 동형 모의고사(박문각)
- 건축직 실전 동형 모의고사(박문각)
- 철근콘크리트조 배근표준화(기문당)
- 철근선조립공법(기문당)
- 건축구조 토질기초의 AtoZ(기문당)
- 교육부 공업계고교 건축과 교과서(제6차교육과정) 집필(저자)
- 건축 및 토목기술 관련 연구보고서(복합구조 내진설계기법연구 등) 40여권 저술
- 대한건축학회, 토목학회, 콘크리트학회 등 연구논문(정착길이 기준연구 등) 30여편 발표

공무원 토목직
실전⊕동형 모의고사

초판 인쇄 | 2025. 4. 25.   **초판 발행** | 2025. 4. 30.   **편저자** | 김현

발행인 | 박 용   **발행처** | ㈜박문각출판   **등록** | 2015년 4월 29일 제2019-000137호

주소 | 06654 서울시 서초구 효령로 283 서경 B/D 4층   **팩스** | (02)584-2927

전화 | 교재 문의 (02)6466-7202

저자와의
협의하에
인지생략

정가 13,000원
ISBN 979-11-7262-783-6

합격까지

2026년도 9급 공무원 공개경쟁채용시험 필기시험 답안지

컴퓨터용 흑색사인펜만 사용	응 시 번 호	주 민 등 록 번 호	책 형	※ 시험감독관 서명

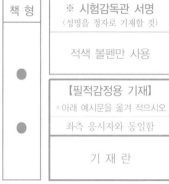

성　　명	
자필성명	본인 성명 기재
응시직렬	
응시지역	채용관리 과 장 안
시험장소	

책 형: ● ●

※ 시험감독관 서명
(성명을 정자로 기재할 것)

적색 볼펜만 사용

【필적감정용 기재】
＊아래 예시문을 옮겨 적으시오
좌측 응시자와 동일함

기 재 란

문번	제1회
1	① ② ③ ④
2	① ② ③ ④
3	① ② ③ ④
4	① ② ③ ④
5	① ② ③ ④
6	① ② ③ ④
7	① ② ③ ④
8	① ② ③ ④
9	① ② ③ ④
10	① ② ③ ④
11	① ② ③ ④
12	① ② ③ ④
13	① ② ③ ④
14	① ② ③ ④
15	① ② ③ ④
16	① ② ③ ④
17	① ② ③ ④
18	① ② ③ ④
19	① ② ③ ④
20	① ② ③ ④

문번	제2회
1	① ② ③ ④
2	① ② ③ ④
3	① ② ③ ④
4	① ② ③ ④
5	① ② ③ ④
6	① ② ③ ④
7	① ② ③ ④
8	① ② ③ ④
9	① ② ③ ④
10	① ② ③ ④
11	① ② ③ ④
12	① ② ③ ④
13	① ② ③ ④
14	① ② ③ ④
15	① ② ③ ④
16	① ② ③ ④
17	① ② ③ ④
18	① ② ③ ④
19	① ② ③ ④
20	① ② ③ ④

문번	제3회
1	① ② ③ ④
2	① ② ③ ④
3	① ② ③ ④
4	① ② ③ ④
5	① ② ③ ④
6	① ② ③ ④
7	① ② ③ ④
8	① ② ③ ④
9	① ② ③ ④
10	① ② ③ ④
11	① ② ③ ④
12	① ② ③ ④
13	① ② ③ ④
14	① ② ③ ④
15	① ② ③ ④
16	① ② ③ ④
17	① ② ③ ④
18	① ② ③ ④
19	① ② ③ ④
20	① ② ③ ④

문번	제4회
1	① ② ③ ④
2	① ② ③ ④
3	① ② ③ ④
4	① ② ③ ④
5	① ② ③ ④
6	① ② ③ ④
7	① ② ③ ④
8	① ② ③ ④
9	① ② ③ ④
10	① ② ③ ④
11	① ② ③ ④
12	① ② ③ ④
13	① ② ③ ④
14	① ② ③ ④
15	① ② ③ ④
16	① ② ③ ④
17	① ② ③ ④
18	① ② ③ ④
19	① ② ③ ④
20	① ② ③ ④

문번	제5회
1	① ② ③ ④
2	① ② ③ ④
3	① ② ③ ④
4	① ② ③ ④
5	① ② ③ ④
6	① ② ③ ④
7	① ② ③ ④
8	① ② ③ ④
9	① ② ③ ④
10	① ② ③ ④
11	① ② ③ ④
12	① ② ③ ④
13	① ② ③ ④
14	① ② ③ ④
15	① ② ③ ④
16	① ② ③ ④
17	① ② ③ ④
18	① ② ③ ④
19	① ② ③ ④
20	① ② ③ ④

문번	제6회
1	① ② ③ ④
2	① ② ③ ④
3	① ② ③ ④
4	① ② ③ ④
5	① ② ③ ④
6	① ② ③ ④
7	① ② ③ ④
8	① ② ③ ④
9	① ② ③ ④
10	① ② ③ ④
11	① ② ③ ④
12	① ② ③ ④
13	① ② ③ ④
14	① ② ③ ④
15	① ② ③ ④
16	① ② ③ ④
17	① ② ③ ④
18	① ② ③ ④
19	① ② ③ ④
20	① ② ③ ④

문번	제7회
1	① ② ③ ④
2	① ② ③ ④
3	① ② ③ ④
4	① ② ③ ④
5	① ② ③ ④
6	① ② ③ ④
7	① ② ③ ④
8	① ② ③ ④
9	① ② ③ ④
10	① ② ③ ④
11	① ② ③ ④
12	① ② ③ ④
13	① ② ③ ④
14	① ② ③ ④
15	① ② ③ ④
16	① ② ③ ④
17	① ② ③ ④
18	① ② ③ ④
19	① ② ③ ④
20	① ② ③ ④

문번	제8회
1	① ② ③ ④
2	① ② ③ ④
3	① ② ③ ④
4	① ② ③ ④
5	① ② ③ ④
6	① ② ③ ④
7	① ② ③ ④
8	① ② ③ ④
9	① ② ③ ④
10	① ② ③ ④
11	① ② ③ ④
12	① ② ③ ④
13	① ② ③ ④
14	① ② ③ ④
15	① ② ③ ④
16	① ② ③ ④
17	① ② ③ ④
18	① ② ③ ④
19	① ② ③ ④
20	① ② ③ ④

문번	제9회
1	① ② ③ ④
2	① ② ③ ④
3	① ② ③ ④
4	① ② ③ ④
5	① ② ③ ④
6	① ② ③ ④
7	① ② ③ ④
8	① ② ③ ④
9	① ② ③ ④
10	① ② ③ ④
11	① ② ③ ④
12	① ② ③ ④
13	① ② ③ ④
14	① ② ③ ④
15	① ② ③ ④
16	① ② ③ ④
17	① ② ③ ④
18	① ② ③ ④
19	① ② ③ ④
20	① ② ③ ④

문번	제10회
1	① ② ③ ④
2	① ② ③ ④
3	① ② ③ ④
4	① ② ③ ④
5	① ② ③ ④
6	① ② ③ ④
7	① ② ③ ④
8	① ② ③ ④
9	① ② ③ ④
10	① ② ③ ④
11	① ② ③ ④
12	① ② ③ ④
13	① ② ③ ④
14	① ② ③ ④
15	① ② ③ ④
16	① ② ③ ④
17	① ② ③ ④
18	① ② ③ ④
19	① ② ③ ④
20	① ② ③ ④

2026년도 9급 공무원 공개경쟁채용시험 필기시험 답안지

컴퓨터용 흑색사인펜만 사용			
성 명			
자필성명	본인 성명 기재		
응시직렬	채용관리 과 장 안		
응시지역			
시험장소			

응시번호

주민등록번호
— * * * * * * *

책 형

문번	제1회
1	(1) (2) (3) (4)
2	(1) (2) (3) (4)
3	(1) (2) (3) (4)
4	(1) (2) (3) (4)
5	(1) (2) (3) (4)
6	(1) (2) (3) (4)
7	(1) (2) (3) (4)
8	(1) (2) (3) (4)
9	(1) (2) (3) (4)
10	(1) (2) (3) (4)
11	(1) (2) (3) (4)
12	(1) (2) (3) (4)
13	(1) (2) (3) (4)
14	(1) (2) (3) (4)
15	(1) (2) (3) (4)
16	(1) (2) (3) (4)
17	(1) (2) (3) (4)
18	(1) (2) (3) (4)
19	(1) (2) (3) (4)
20	(1) (2) (3) (4)

문번	제2회
1	(1) (2) (3) (4)
2	(1) (2) (3) (4)
3	(1) (2) (3) (4)
4	(1) (2) (3) (4)
5	(1) (2) (3) (4)
6	(1) (2) (3) (4)
7	(1) (2) (3) (4)
8	(1) (2) (3) (4)
9	(1) (2) (3) (4)
10	(1) (2) (3) (4)
11	(1) (2) (3) (4)
12	(1) (2) (3) (4)
13	(1) (2) (3) (4)
14	(1) (2) (3) (4)
15	(1) (2) (3) (4)
16	(1) (2) (3) (4)
17	(1) (2) (3) (4)
18	(1) (2) (3) (4)
19	(1) (2) (3) (4)
20	(1) (2) (3) (4)

문번	제3회
1	(1) (2) (3) (4)
2	(1) (2) (3) (4)
3	(1) (2) (3) (4)
4	(1) (2) (3) (4)
5	(1) (2) (3) (4)
6	(1) (2) (3) (4)
7	(1) (2) (3) (4)
8	(1) (2) (3) (4)
9	(1) (2) (3) (4)
10	(1) (2) (3) (4)
11	(1) (2) (3) (4)
12	(1) (2) (3) (4)
13	(1) (2) (3) (4)
14	(1) (2) (3) (4)
15	(1) (2) (3) (4)
16	(1) (2) (3) (4)
17	(1) (2) (3) (4)
18	(1) (2) (3) (4)
19	(1) (2) (3) (4)
20	(1) (2) (3) (4)

문번	제4회
1	(1) (2) (3) (4)
2	(1) (2) (3) (4)
3	(1) (2) (3) (4)
4	(1) (2) (3) (4)
5	(1) (2) (3) (4)
6	(1) (2) (3) (4)
7	(1) (2) (3) (4)
8	(1) (2) (3) (4)
9	(1) (2) (3) (4)
10	(1) (2) (3) (4)
11	(1) (2) (3) (4)
12	(1) (2) (3) (4)
13	(1) (2) (3) (4)
14	(1) (2) (3) (4)
15	(1) (2) (3) (4)
16	(1) (2) (3) (4)
17	(1) (2) (3) (4)
18	(1) (2) (3) (4)
19	(1) (2) (3) (4)
20	(1) (2) (3) (4)

문번	제5회
1	(1) (2) (3) (4)
2	(1) (2) (3) (4)
3	(1) (2) (3) (4)
4	(1) (2) (3) (4)
5	(1) (2) (3) (4)
6	(1) (2) (3) (4)
7	(1) (2) (3) (4)
8	(1) (2) (3) (4)
9	(1) (2) (3) (4)
10	(1) (2) (3) (4)
11	(1) (2) (3) (4)
12	(1) (2) (3) (4)
13	(1) (2) (3) (4)
14	(1) (2) (3) (4)
15	(1) (2) (3) (4)
16	(1) (2) (3) (4)
17	(1) (2) (3) (4)
18	(1) (2) (3) (4)
19	(1) (2) (3) (4)
20	(1) (2) (3) (4)

문번	제6회
1	(1) (2) (3) (4)
2	(1) (2) (3) (4)
3	(1) (2) (3) (4)
4	(1) (2) (3) (4)
5	(1) (2) (3) (4)
6	(1) (2) (3) (4)
7	(1) (2) (3) (4)
8	(1) (2) (3) (4)
9	(1) (2) (3) (4)
10	(1) (2) (3) (4)
11	(1) (2) (3) (4)
12	(1) (2) (3) (4)
13	(1) (2) (3) (4)
14	(1) (2) (3) (4)
15	(1) (2) (3) (4)
16	(1) (2) (3) (4)
17	(1) (2) (3) (4)
18	(1) (2) (3) (4)
19	(1) (2) (3) (4)
20	(1) (2) (3) (4)

문번	제7회
1	(1) (2) (3) (4)
2	(1) (2) (3) (4)
3	(1) (2) (3) (4)
4	(1) (2) (3) (4)
5	(1) (2) (3) (4)
6	(1) (2) (3) (4)
7	(1) (2) (3) (4)
8	(1) (2) (3) (4)
9	(1) (2) (3) (4)
10	(1) (2) (3) (4)
11	(1) (2) (3) (4)
12	(1) (2) (3) (4)
13	(1) (2) (3) (4)
14	(1) (2) (3) (4)
15	(1) (2) (3) (4)
16	(1) (2) (3) (4)
17	(1) (2) (3) (4)
18	(1) (2) (3) (4)
19	(1) (2) (3) (4)
20	(1) (2) (3) (4)

문번	제8회
1	(1) (2) (3) (4)
2	(1) (2) (3) (4)
3	(1) (2) (3) (4)
4	(1) (2) (3) (4)
5	(1) (2) (3) (4)
6	(1) (2) (3) (4)
7	(1) (2) (3) (4)
8	(1) (2) (3) (4)
9	(1) (2) (3) (4)
10	(1) (2) (3) (4)
11	(1) (2) (3) (4)
12	(1) (2) (3) (4)
13	(1) (2) (3) (4)
14	(1) (2) (3) (4)
15	(1) (2) (3) (4)
16	(1) (2) (3) (4)
17	(1) (2) (3) (4)
18	(1) (2) (3) (4)
19	(1) (2) (3) (4)
20	(1) (2) (3) (4)

문번	제9회
1	(1) (2) (3) (4)
2	(1) (2) (3) (4)
3	(1) (2) (3) (4)
4	(1) (2) (3) (4)
5	(1) (2) (3) (4)
6	(1) (2) (3) (4)
7	(1) (2) (3) (4)
8	(1) (2) (3) (4)
9	(1) (2) (3) (4)
10	(1) (2) (3) (4)
11	(1) (2) (3) (4)
12	(1) (2) (3) (4)
13	(1) (2) (3) (4)
14	(1) (2) (3) (4)
15	(1) (2) (3) (4)
16	(1) (2) (3) (4)
17	(1) (2) (3) (4)
18	(1) (2) (3) (4)
19	(1) (2) (3) (4)
20	(1) (2) (3) (4)

문번	제10회
1	(1) (2) (3) (4)
2	(1) (2) (3) (4)
3	(1) (2) (3) (4)
4	(1) (2) (3) (4)
5	(1) (2) (3) (4)
6	(1) (2) (3) (4)
7	(1) (2) (3) (4)
8	(1) (2) (3) (4)
9	(1) (2) (3) (4)
10	(1) (2) (3) (4)
11	(1) (2) (3) (4)
12	(1) (2) (3) (4)
13	(1) (2) (3) (4)
14	(1) (2) (3) (4)
15	(1) (2) (3) (4)
16	(1) (2) (3) (4)
17	(1) (2) (3) (4)
18	(1) (2) (3) (4)
19	(1) (2) (3) (4)
20	(1) (2) (3) (4)